中医知行录

CHINESE HERBAL MEDICINES

KNOWING AND DOING

经典读书笔记 百年医案拾遗

SCRIPTURES READING AND CASES GLEANINGS

田开钧 著

田文铎 | 田文邦 医案整理

本书是作者博览中华中医药经典著作的读书笔记。

作者用传统中医药术语和现代科学技术语言，同步讲述中医药的道理，创新地采用物理和数论的研究方法，对中医药理论经典做出全新视角的解读。

本书是身处中医药世家的作者自医医人的实践成果。

中国近代史上的"状元科学家"吴其濬在中草药植物领域的实证研究，由吴氏家族的儿女亲家田家运用到中医药治病救人的传承实践中，本书对田家百年医案进行了初步的收集与整理。

以物理数论方法解读中医药理论经典，将百年医家医案精华传承创新，本书作者三十多年来的知与行，是对中医药传统技能的发掘与转化，是寻求中医药理论突破的探索与创新。

作者简介

田开钧，男，83 岁，机械工程师，中国改革开放后第一代技术型企业家。上个世纪 90 年代开始系统研读中华中医药经典著作，尝试用自然科学的研究方法解读中医药的科学性，以中医中药自医医人。

田开钧出生于河南省固始县田家，田家以吴家的儿女亲家因缘，将中国近代史上从事中草药植物实证研究的"状元科学家"吴其濬的理论成果，运用到岐黄济世的实践中，是固始县"九思堂"中医诊所和"济春堂"中药店的传承人。

数十年间，田开钧在一山放出一山拦的人生困境中，写下 20 万字读书笔记，整理出 300 多件田家百年医案。如今，耄耋之年的他带领着"九思堂"和"济春堂"第四代和第五代传人，实践着中医药的传承与创新。

医案整理者简介

田文铎、田文邦，基层卫生工作者，乡村执业医生，中医（专长）医师，新农合医疗体制中深受村民信任的中医传人。多年前，面对昂贵的抗生素药品在农村占据医疗处方主流所造成的过度医疗形势，兄弟两人在乡镇村庄积极开展中医药应用和传播的田野实践，同时协助他们的叔叔田开钧，对田家百年医案进行收集整理和关键信息考证。

目录

自序

本书记录了我多年来研读中华中医药经典著作、用中医药自医医人的切身感悟，是我对中医药传统知识和技能进行发掘与转化的一场跨越世纪的知与行实践。

上个世纪 40 年代的幼学之时，我在外祖父吴家的私塾中接受到中医药方面的启蒙，后来，改革开放，因缘际会，我有幸成为一名科技工作者，负责河南省信阳柴油机厂的技术升级改造，忙碌的工作和先天的不足，使我在中年时患上了心脏病，本着自医医人的初心，我开始系统研读家传的中医药古籍经典并收集田家的百年医案。在多年知与行的基础上，从上个世纪 90 年代开始，我尝试将物理和数论这两个自然科学领域的方法论，运用到对中医药理论体系的探索上来。

本书的第一个出发点，是回答中医药学的本源"医法百家还是百家法医"问题。对这个老生常谈但必须要谈的问题，我将运用物理和数论的论证手法，给出我对"百家法医"的论证。

罗大伦博士在《神医这样看病》书中，介绍了十多位中国历史上伟大的中医中药学家，他们是：

中国历史上第一位注解《伤寒论》的大家许叔微；

既是水利学家、音乐家、武术家又是中医批评家的中医药大师徐灵胎；

开创中医书院教育，确立辨病和书写病历模式，死后被钱谦益和柳如是当作神供的喻嘉言；

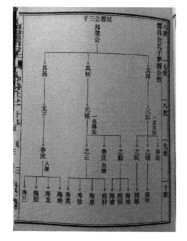

思源堂吴氏家谱对知风大人记载

既是中国历史上著名画家、书法家，又是中医妇科奠基人的傅青主；

著有《随息居重订霍乱论》、《王氏医案》、《随息居饮食谱》等书，"治疟敢言无难症"的王孟英；

万历十七年进士辞官行医的王肯堂；

著有《先醒斋医学广笔记》、《医学传心》、《神农本草经疏》、《本草单方》等书，"出诊不拒千里远"的缪希雍；

著有《四圣心源》、《四圣悬枢》、《伤寒说意》、《玉楸药解》、《素问悬解》、《道德经解》、《周易悬象》等书，因左目失明致仕，后奋然学医终成大家的黄元御。

著有《内经知要》、《医宗必读》、《药性解》、《士材三书》、《伤寒括要》、《本草通玄》等书，"自学成才"的李中梓。

等等。

我在此罗列先人大德们的事迹，是想再借用罗大伦博士的一句话，"好多大师还真不是那么跟着师父学出来的，真正的大师似乎多半是自己憋出来的"。事非亲历不知难，中医药理论的学习体悟必须经过一个"自己憋出来"的过程。本书便是我"憋"了三十多年的结果，为一家之言而不成体系，谨以个人的知行成果，向先人大德们致敬。

　　今天，一个不争的事实是，在中医药现代化发展的道路上，对中医药更好的传承、发展和创新，亟需在中医药理论领域进行开放式创新，创新的成果，不仅属于中国，更属于全世界人类命运共同体。

　　几千年生生不息的中医，靠实证和临床代代绵延。今天，在技术的赋能和资本的加持下，药品研发周期缩短，提升临床经验更趋高效，这给传统中医药带来的机遇和挑战。近年来，我们欣慰地看到，国家提出了健全遵循中医药规律的治理体系，使中华中医药不断传承精华和守正创新。对于医疗设施和服务不能满足农民医疗卫生需求的不发达地区农村，健全遵循中医药规律的治理体系尤为切中要害。本书中记录的农村地区患者治疗个案，是来自新农村合作医疗实践的一个个回声，可以为建设遵循中医药规律的治理体系提供实证数据和理论参考。

　　中医药理论的突破，中医药和传承精华和守正创新，希望在年轻一代的医药工作者身上。本书希望帮助更多年轻的中医药工作者，对建立在中医药科学基础上的祖国传统文化的本色有更多一些的了解，对传统天地人和谐观有更多一些的体验，对创造如此丰富多彩传统文化的先贤们有更多一些的敬仰，对未来世界万邦和谐有更多一些的信心，从而夯实理论基础、开拓中医思维、强化中医技能，将古老的中医药与现代科技结合，产出更多原创成果。

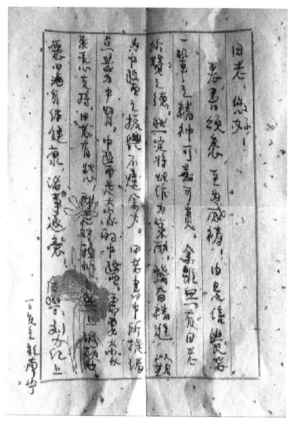

《思考中医》作者刘力红教授2007年给田开钧的回信

1. 前言篇

1.1 序语

地球历史上万卷，华夏文明六千年。

四大发明，行丝绸之路，车马人流信息流，欧亚驼铃共鸣，严霜酷暑没隔断；

七下南洋，乘长风波涛，药茶瓷器金银器，中东海螺和韵，巨浪暴风难阻拦。

相见时，拱手结好，厚予薄取，协和万邦，大国风范；

分别时，抱拳珍重，预约再见，平等交往，天下平安。

中华上国，独领风骚，几多领先，

近代百年，西学东进，北风南渐。

民间杏林，曾被"封建迷信"黑帽压顶，濒临失传；

中医药学，屡经"废止取缔"历险数度，饱受磨难。

邓铁涛教授的《寄语青年中医》，揪心于灵素将失承传，发出做"铁杆中医"的呼喊与期盼；

卢崇汉先生作《扶阳讲记》，凭借望闻问切，数十年未开化验单；

刘力红博士的《思考中医》，扎根民间基层传承创新，引领经典临床的热潮和实践；

研读科普名著，在古籍经典与当代科学之间漫步遐思；

学习数理生化，居精神生命和世间万物之中感悟体验。

伟哉，壮哉，"铁杆中医"！这正是李可先生称道的"菩萨心肠，英雄肝胆，儿女情长，神仙手眼。"

1.2 大德经典与自然公理

在中医古藉经典中所论述的"象"，都是天地之间的"显象"，而绝非被称为哲学公敌的"抽象"。

春天到了，假如有人说："我有预知未来的本领，预测春天过后必然是炎热的夏天。"大家肯定会说："这算什么本领？三岁小儿都知道。"

人人都明白，大千世界以事实为铁证的宇宙运行规律，是自然公理。

自然公理很多，所有的自然公理组成了自然公理系统。

地球的寒温带和亚热带有春夏秋冬四季之分；热带有旱季雨季之别；两极有白夜壮观。季节变化而万物顺随之，时时处处都有表"象"，"逆之则灾害生"。夏天你穿上厚厚的皮棉大衣肯定受不了；绵羊冬天有厚厚的皮毛，夏天皮毛就随之而变薄；青蛙冬眠；寒雁南迁等等，所有的表"象"都是实在的。华夏远古先人们，在"昼参日影，夜考极星"，"仰观天文，俯察地理，远取诸物，近取诸身"的科学实践活动中，确认了许多自然公理，进而总结出来自然公理系统。

在自然科学领域，相关学科均有其公理系统，由这些无需证明的公理系统推论演绎证明，得出各种定理。本书尝试用自然公理系统对阴阳五行学说提出推论，并进而以物理和数论知识加以演绎证明，——打个比方，就是尝试在古老的中医药学与现代科学之间，划上连接虚线或箭头，——这只是开始，要把这些连线由虚线变为实线，把箭头变为连线，甚至把错划的虚线或箭头改正过来，未来还有许许多多十分复杂而繁重的探索工作要做。

古人曾下过这样的结论："数法阴阳"，就是说"数产生于阴阳运行"或"阴阳运行的规律法则体现出数"。现代数学有许许多多分枝，绝大多数数学方法是现代科学研究离不开的工具，而唯有研究自然数的"数论"被称为"纯数学"或"数学王冠"，尚未成为其他科学研究的工具，因此有人说，"数学之美在数论中得到完美的体现，但是数论在现代科技领域没有用武之地"。我们的先圣先贤们指出："数法阴阳"，就有意指明数论是研究生命阴阳学说的必不可少的重要工具，就象其它数学分枝是众多科研领域必不可少的重要工具一样。

科学家钱学森先生生前曾语重心长地写道："我认为传统医学是个珍宝，因为它是几千年实践经验的总结，分量很重。更重要的是，中医理论包含了许多系统论的思想，而这是西医的严重缺点，所以中医的现代化是医学发展的正道，而且最终会引起科学技术体系的改造——科学革命"。

西风东渐以来，很长一个时期，中医药在西化的潮流吹打之下，产生了诸如"用西医药方式来管理中医药"、"按西医的教育模式来培育中医"的制度偏差，使中医药传承不足，创新乏力。近年来，国家高度重视中医药工作，把中医药工作摆在更加突出的位置，明确提出要将中医药这一祖先留给我们的宝贵财富"继承好、发展好、利用好"。

达致"三好"，首先要开展科学论证。早在 1980 年，德国慕尼黑大学中医基础理论教授曼福瑞德·波克特(Manfred Porkert)曾讲道:"中医药在中国至今没有受到文化上的虔诚对待,没有确定其科学传统地位而进行认识论的研究和合理的科学探讨"。

我在对中医药采取物理数论论证的过程中发现,从集成创新的角度看,传统中医药落后于现代科学的发展,而从原始创新的角度看,现代科学的发展却落后于本土传统中医药的实践。

换句话说,和西医西药一样,中医药在临床上解决了很多实际问题。中医医人,始终研究的是活生生的人,以临床为基础;西医医病,从研究局部病变开始,以尸体解剖为基础。

扶阳学派领军人物卢崇汉先生要求中医师,面对中医药的现状,应多在自身上找原因。他在《扶阳论坛》书中写道,"很多疾病单靠中医中药是完全能够得到解决的,这样的临床例子太多太多"。书中说,自己四十四年来没有离开过临床,包括大年初一,病人来自全国各地,还有来自国外不远千里求医的。他写道:"中医不是那么玄的,它要能够在临床上解决实际问题,要硬碰硬。如果把中医越说越玄,这不是一件好事"。

多年来,本人在读《黄帝内经》、《伤寒论》、《金匮要略》、《神农本草经》等中医药经典著作的同时,以自己所患的心脏病、脑血管病、肾结石病、腰腿痛、眼疾等作试验,结果都是效如桴鼓,如拔刺雪污,全治好了,本人因此逐渐成为了一名"铁杆中医"

不知"铁杆"一词最早出于何事何典,起初我对"铁杆"这类极端化的词语没有什么好印象。2006年初,我读到《邓铁涛寄语中青年中医》这本书,邓老先生在书中急切呼唤国家要培养"铁杆中医",殷切希望中青年中医都要努力学做"铁杆中医"。邓老第一次将"铁杆"一词用在中医身上,让我不禁连声叫好!

我出生中医之家,先父生前行医50年,诊病讲求"五运六气"、昭示"易"理,与邓铁涛老先生书中所言心有灵犀相契相合,我多次被感动得掩卷饮泣……。自此以后,我从"铁杆中医"一词感受到了无限亲情,也对"铁杆"一词有新的体悟。

中医药学说伴随并支撑了整个中华民族繁衍生息的全过程,也伴随并支撑了创建五千年中华文明的全过程。中医本就是中医,铁涛老先生何以要前缀以"铁杆"之冠?原因是中医曾经按照西医的思维方式和医疗模式走了近一个世纪的西化道路,遗失了自己的传统和精华。因此,在今天,为了让世人知道什么是真正的中医,而不得不在中医前冠以"铁杆"二字,实为不得已而为之。

2006年重新认识"铁杆中医"这个专有名词后,我写了下面一首诗:

铁杆中医赞

西学东进百年垢,北风南侵几度寒,

妖言取消忘祖典,倡导结合误承传。

智勇良相归完璧，铁杆名医正本源。

和谐社会奠基石，宇宙生命整体观。

铁杆中医所持的是"宇宙生命整体观"，要"知易"，"认河图"，"识洛书"，"宗灵素"，讲求天地"五运六气"的常与变对人体生命健康的全方位影响，讲求"脏气法时"，同一个人，同样的病，在不同的季节，所服用的药方亦不同。

铁杆中医医人，始终研究的是活生生的人，以临床为基础。西医医病，从研究局部病变开始，以尸体解剖为基础。两者的学科基础体系完全不同。

2008年6月我读刘力红博士的第一位老师李阳波先生的《开启中医之门--运气学导论》，又写了一首诗：

雪松

原在荒野生，倔强本天真，

雪压躯干直，寒凌针叶青，

移为行道树，造化住园林，

富氧绿阴下，众生念君情。

李阳波先生在研究"宇宙生命整体观"方面很有创见，他把自己全部精力和心血都集中到中医理论的学习继承、应用与研发上了，国家图书集成中的"医部全录"他都读过，已经进入了一种"境界"。

对于这样的人，在中医临床传承不足的大环境下，尤其难能可贵。2006年，邓铁涛老先生非常担心中医临床失传，他说，"我们可能是中医的一代'完人'，我们这一代以后中医就要彻底失传了。"

"宇宙生命整体观"是中医药理论的大格局观，强调个体与大自然的连接，重视自然界气候变化对病理的影响，同一种病，因人的年龄、性别、体质等方面的不同，用药不相同；同一种病，因时因地而异，得病的时间地点不同，用药也不相同。

　　正因如此，铁杆中医尤其注重病人的主观感受，比如病人是感觉冷还是热，是喜欢冷饮或是热饮，大小便是否正常等等，强调望、闻、问、切四诊和大自然五运六气运行状态等进行合参。所谓"博及医源，精勤不倦，舍己救人，不问贵贱贫富，亲疏愚智，普同一等，称为大医精诚"。

　　与邓铁涛老先生"铁杆中医"相对照的，是"西医化的中医"，后者诊病依赖西医仪器的理化检验指标，而相对忽视自然界气候变化对病理的影响，所以有许多病症检查不出来。

　　我有一位同事的侄儿，2008年6月，20岁的时侯出现病症，先是右手用不上劲，有时发麻，温热，后来感觉右下肢也无力，因此住进省级大医院。西医化验检查不出是什么病，怀疑是脑炎，就把吊瓶先挂上，打抗生素自然也是少不了的。脑CT、核磁共振等等全面检查作了多次，期间还去了上海某大医院再做全面检查，还是查不出是什么病。西医会诊多次，有说是脑炎的，也有说是脑瘤的，就是确诊不了是什么病。住院五个多月，饭量下降，继而说话也吐字不清楚了。一直拖到5个月后，11月21号被确诊为深部脑瘤，需进行手术治疗。

我是 11 月 20 日这位年轻人确诊的前一天才得知的，随同事去医院看望，得知病人从来没有发热证状，就是感觉右半身无力，其余一切都如常人；大便三日一次，因为可以自主排便，西医认为正常；小便色黄，但化验也没有问题。我便诊其脉，左右三部整体上脉浮，当时时令已近小雪，冬显夏脉；沉取无脉，中取关上弦，尺部弱；右三部九候均弱于左三部，左右尺均特弱，右尺特别微细；再望其形，舌胎白厚腻，舌尖色淡，边有齿痕；双手指甲根部的月牙痕除姆指外，其余均无；自入院用药后，视力下降，四米左右视物糢糊不清，分不清界线；其白眼球清白无一点血丝。

同事告诉我，侄儿在科技市场工作，经营电脑生意，6 月发病前，搬运货物常忙得大汗淋漓。我认为由于室内空调冷，室外阳光热，热而复寒，夏至一阴生之时，寒湿伤于卫，致使营卫失调，气血失养，阳气不达四末，便先在右手上有了感觉。6 月酷暑刚发病时，服以天麻丸就能治好，如果延误治疗，则病邪由络入经，继而入腑入脏，成"偏枯"证。

次日医院再次会诊，确诊为深部脑瘤，动手术。奈何！奈何！为此事我那些天彻夜难眠，后悔不能早点告知同事，早期以中医治疗应可保住性命。这位青年人就这么委付凡医，恣其所措，手术后不久就去世了。

即使 6 月发病之初中医未介入，我 11 月看望他之时，也可以处以祛风寒湿（如威灵仙、独活、防风）为君，臣以化痰（如半夏、胆南星），滋补肾阳（如仙灵脾、菟丝子）肾阴（如枸杞子），佐以利水（如茯苓、薏苡仁），健脾护中

（如苍白术、炙甘草），使以行气（如乌药、陈皮）醒神（如石菖蒲）通经活络（如鸡血藤、桃仁、泽兰）之方。然而，医院绝不允许外人干扰治疗是实，但我也没有那个胆去铺以中医药。直至今日，思之依然心痛。

铁杆中医以提高人体的抗病免疫能力为目标，注重调整人体阴阳五行的平衡与协调一致，使"正气存内，邪不可干"，人能与微生物和谐共存，这与西医讲求杀死细菌病毒与切除病灶的对抗治疗，义理相反。

铁杆中医讲求"药食同源"，对环境无污染；复方制剂菌毒不可能形成抗药性，五千年来没有一味药被淘汰；西药药物见效快，但近年来越来越多的事实证明，西药的研发速度赶不上菌毒抗药性变异的速度，因此大量的药物被淘汰，"昨是而今非"。在西药的历史上没有被淘汰的药不多，阿斯匹林和磺胺是其中少有的两种。

铁杆中医认为疾病与时间密切相关，人的生理有一呼一吸时间周期、日周期、七日周期、月周期、四季周期、年周期、甲子周期等等；而西医在上个世纪八十年代以前，认为疾病与时间没有关系。后来美国人弗朗兹·哈伯格（Franz Halberg）教授研究出了"人体生理的七日节律"，利用现代的医学研究，佐证了古代中医理论中人体具有时间节律的这种现象，被誉为"世界时间医学之父"。其实，七日规律依据的是地月关系，即人体的生理特征遵循宇宙、天文、自然的变化规律。《黄帝内经》早在两千多年前就讲得非常明白。如果哈伯格是时间医学之父，那我们的黄帝、歧伯当是时间医学的什么？老祖宗的老祖宗的……老祖宗？

铁杆中医"医、药、研"不分家，中医师都懂药的性味与归经，除会处方剂外，还会制作膏、丹、丸、散等成药；会对药物进行炮制；处方多用复方，分君臣佐使，是用药物联合作战，能治各种疑难杂症，而且效如桴鼓，如拔刺雪污。

西医，医是医，药是药，用药的是医生，研究药的是药品研发机构。医生只能靠药品的说明书处方。西化的中医，处方即便是用草药，也是使用提取物或生用，单兵作战，对当今如癌症、艾滋病、糖尿病、心脏病及各种疑难杂症最多是维持一段时间，根治不好。

铁杆中医所持的是"仁术"。你看，中医是多么仁慈的医学!把"病气"称为"客气"，把"病邪"又称为"客邪"，以人体的正气待客，就能让患不治之症的病人带病生存，和健康人没有什么差别。

铁杆中医不迷信现代实证科学，而是充分利用现代科技最前沿的成果。如大爆炸宇宙学、相对论、量子力学、量子场论、基因工程、信息论等等为中医理论之早熟与超前作证明；被西化的中医信奉机械唯物论，并不认为人的疾病与宇宙大自然有直接关系，一切以理化检验指标为准，以"微观准确性"去"治病危"，而不能"治未病"。

我读小学时，镇上小学与医院相邻，放学就能到家。家父常与病人论病，我在一边听，中年以后再读中医经典著作，一下子就把童年的记忆都唤起来了，所谓幼学启蒙，大抵如此。2010年我69岁，与70为邻的我写了一首诗：

六九述怀

糊涂劳碌邻古稀，计时倒数九八七，

争分夺秒难做到，老牛奋蹄不为奇，

人间苦乐继享受，世态炎凉续味体，

百年目标歧黄嘱，学而行知宗国医。

这首诗，曾发在铁杆中医论坛上。2010 年元旦，我在铁杆中医论坛上发有《元旦书赠论坛诸君》诗，系隐含"铁杆中医论坛万岁"的藏头诗：

元旦书赠论坛诸君

铁血史载废止案，杆富钢性腰未弯，

中华杏林魂魄壮，医道悬壶天地间，

论评齐放博文彩，坛设争鸣畅欲言，

万世传承民福寿，岁新凯歌跨虎年。

2011 年春节我在铁杆中医论坛写有《春节书赠论坛诸君》一诗，祝"辛卯健康，幸福万家"藏于韵前一字。

春节书赠论坛诸君

天地人道酬辛勤，年月日时贵卯辰，

五运六气行健体，八正十剂保康平，

四季一炁演幸事，三部九候报福音，

灵兰秘典传万代，铁坛博论做家珍。

出身中医之家的我，视铁杆中医似亲人。

2. 数论中医经典

2.1 用能量场定义"神"

臣览《太始天元册》文，丹天之气经于牛女戊分，黅天之气经于心尾己分，苍天之气经于危室柳鬼，素天之气经于亢氐昴毕，玄天之气经于张翼娄胃。所谓戊己分考，奎壁角轸，则天地之门户也。——岐伯

2.1.1 科学用神

2011 年 3 月 11 日日本福岛核电站因大地震引发海啸，造成核泄漏事故，一个多月后事故的等级也由开始时的 3 级一步步升到了 7 级，与 1986 年乌克兰切尔诺贝利核电站发生的核电事故等级相等。看不见、模不着的放射性污染波及半岛。

众所周知，地球有来自宇宙和太阳的"本底辐射"，只是人类的眼睛只能看到由赤、橙、黄、绿、青、蓝、紫七色光频组成的白色可见光波段，而紫外、红外及其它各种高频或低频波段，我们看不到罢了。

同样众所周知的是，在我们生活的大千世界，还有一个利用红外、或紫外、或 X 光、或射电天文望远镜等现代科技仪器和设备才可以看到的"隐形世界"，而这个能借助仪器看到的"隐形世界"也只是极小的一部分，还有我们用现今设备仍然看不出来的世界。

地球上所有生命体，动物、植物、微生物都生活在一个巨大的地球磁场中，地球有南极和北极，有大气层，有暴风

雨，有春夏秋冬四季，有温热凉寒温度变化；受多种因素影响，某时某地显得干燥，某时某地显得潮湿；地球内部也在不停地运动，有地热，有辐射，有潜藏的火山等等。地球上的生命体之间有食物链，相互制约，相互依存。

上述罗列的这些常识，都是科学。

可是，如果我说"正电与负电"、"阳离子与阴离子"事实上是"阴阳"，是不是就显得不那么科学了?事实上，关于中医的阴阳理论是"科学"还是"伪科学"甚至直接就是"迷信"，这类争论业已进行了一百多年了。然而，不习阴阳理论，中医难做到药到病除。

《黄帝内经·素问·五运行大论篇第六十七》中有言："岐伯曰：臣览《太始天元册》文，丹天之气经于牛女戊分，黅天之气经于心尾己分，苍天之气经于危室柳鬼，素天之气经于亢氐昴毕，玄天之气经于张翼娄胃。所谓戊己分考，奎壁角轸，则天地之门户也。夫候之所始，道之所生，不可不通也。"

前一篇《黄帝内经·素问·天元纪大论第六十六》中有言："鬼臾区曰：臣积考《太始天元册》文曰：太虚寥廓，肇基化元，万物资始，五运终天，布气真灵，揔统坤元，九星悬朗，七曜周旋，曰阴曰阳，曰柔曰刚。幽显既位，寒暑驰张，生生化化，品物咸章。臣斯十世，此之谓也。"

《太始天元册》是上古时期黄帝、岐伯和鬼臾区等先圣们所能读到的书，用今天的话说，岐伯和鬼臾区是黄帝的"医学顾问"和"医学大臣"，传至今天的《素问·天元纪大论》

是黄帝、岐伯和鬼臾区等人的"读书会成果结集"，先圣们一起读《太始天元册》，黄帝就书中内容询问，岐伯和鬼臾区们作答。提问者黄帝问题提得好（拿岐伯经常夸黄帝的话是：妙乎哉问也！），作答者岐伯和鬼臾区们答得妙（皇帝坐明堂，曰：善），一问一答间，君臣师徒们共同创建了中医运气学说，以五运六气构建理论基础，并将中医运气学说推广到推演气候变化和自然规律。

今天，《太始天元册》已经失传了，至于是什么时候失传以及如何失传的，学术界尚无定论。从其中由《黄帝内经》所引用过来的部分看，这是一部经过十世传承，涉及宇宙学（讲到了宇宙背景辐射图象）、天文学、气象学、生态学等多个自然科学领域，称得上是一部中华民族的上古科技启蒙巨著。

黄帝、岐伯和鬼臾区等先圣们读《太始天元册》而衍生的《黄帝内经》，则"一颗永流传"，成为中华中医药理论体系的基础。我们常用"学富五车"来形容一个人读书多，这个成语或许就是从《黄帝内经》的体量说起来的。上个世纪80年代，我经常到北京第一机械工业部跑项目，期间有一次在北京图书馆的善本书库，与现存最早的胡氏古林书堂雕版印刷版本有过一次眼缘。如果把原文写在竹简上的话，五辆车肯定装不下！

事实上，"一颗永流传"的《黄帝内经》历经苍海桑田，西汉时期以帛书形式出现的时候，已用"气"字代替了古字"炁"。从"炁"到"气"，中医理论也随之从强调天人合一

25

以及身体和意识的统一，聚焦于诊断和治疗疾病的原则和处方。

中华上古贤人在武功和中医方面说的"炁"，与"气"字同音，但不是空气的"气"。以科学态度论述物质的"能量态"与"粒子态"的不同之处，论述中华武术和中医经络学所谈的"内气"暗能量，必须重新启用这个"炁"字。炁相当于物理学所说的"能量"，炁态就是能量态。空气的气，是无规则运动的弥散态粒子流；能量的炁称为"炁态物"。

与西方科学发现的宇宙自然暗能量相类比，人体经络中的炁态物就是生物暗能量。中医学的"真气"、"元气"、"卫气"都是指生物暗能量的炁。真气是生命和宇宙共有的融融内在相连的炁，频谱梯级无限宽；元气是生命特有的频谱能量核心，是主宰生命的炁态能动力量；卫气是如同西医学所说的起着"免疫力"功用的炁能量。

宇宙的无穷"真空"其实不空，都是炁；人体经络的解剖无物其实有物，里面也同样都是炁。

古有"以一炁生万物"之语，非常科学地道出了宇宙万物的演化奥秘。此语明确告诉我们，满宇宙的星系以及组成星体的微观粒子等所有可见的粒态物都是由炁转化来的。

进入 21 世纪以来，一批站在人类基因组研究这一科技前沿的科学家们提出，从"结构基因学"到"功能基因学"以至未来的"演化基因学"，就算把基因的结构、功能、演化都解读清楚了，但有一个根本的问题肯定还是不明白，那就是基因密码接受谁的指令？人的精神生命来自何方？受什么物质的主宰？

我在这里尝试回答这个问题："是受'神'的指令和主宰！"

"神"？是什么？是何方神圣？

"神"是黄帝时代命的名，出现在《黄帝内经》中，以生动押韵的文字多次出现的"神"，就是"宇宙能量"，用今天更科学的语言是"宇宙全息物质能量场"，在"全息"中包括了世间万物的"基因密码体系"和"用纯数学(即数论)来运行密码的系统公式"。

其实，黄帝给"宇宙能量"取名为"神"，一个众所周知的原因是，上古时期局限于书写工具，表达同样的意思尽可能用最少的文字，还有一个解释是，打个比方，就如同父母给自己的孩子命名叫"狗儿"一样，就是起个名，按自然公理，你绝对不会认为他们的这个孩子是一条小狗。

这个产生于两千多年前的、中医理论中的"神"，就这样与其后进入中华大地的佛教天主教等宗教的"神"一样被世人接受，虽然意义并不尽相同，甚或被狭隘化。宗教用的"神"字，在人的心理方面与道德修行层次上，和中医理论的"神"字有相通之处，例如都讲求"清净修行"，"恬淡虚无，真气从之，精神内守，病安从来"。中医理论是站在人与宇宙大自然要保持和谐同步的角度上论"神"的实在作用，是为"用神"，而宗教是站在劝人向善的角度上论"神"的威严，是为"信神"。

中医学理论讲求科学用神，只要"清净修行"，都会得到"神"的帮助。我们日常说某人"有精神"或某人"没精神"、"走神儿"，那就是站在中医学的立场上说"神"。

2.1.2 神用无方

地球世界处于大宇宙中，接受着宇宙背景辐射，在充满了由"炁态物"组成的"炁场"宇宙空间中，有各种各样的"神"。

由于太阳的光、热及辐射风暴的"辐射场"，人们称太阳为"太阳神"；地球本身有"磁场"，是"土地神"；生物链间的相互制约和依存构成的"生物场"是"生态神"；还有"风神""雷神"等等。

这些"场"都是有物质的，虽然有大多数的物质因为处于量子态，或波动态，或"超弦态"不能为我们所看见，但因其有能量，有表现，有"自然公理"领域的全部信息，照中医理论说法就是"有象"。宇宙所有场的总和，就构成了"宇宙全息物质能量场"，在这个"场"内同时含有世间万物基因密码及其密码运行公式，就是"神系统"，简称为"神"。

《黄帝内经素问》讲"神用无方"，这个"方"是指"方向"。古云"天园地方"，是说在地上有东西南北四面八方，这里用"方"与"园"二字，不是指几何形状，在地球上，有北极星居于正北方向，故而有"方"；而到了茫茫宇宙中，就分不出方向了。

"神用无方"表明神的作用无处不在，任何地方都有。

"人神共忌"说明神也在人的身体里，所以也有"人神"，佛家言"心即是佛"。宋代张端义的《贵耳集》中有这样的纪述：宋孝宗在辉僧的陪同下前往杭州灵隐寺拜佛，见观音菩萨也是双手合十，好像也在默默地念诵。孝宗问："观音菩萨念什么？" 辉僧答："念观音菩萨！"孝宗问："自念则甚？" 辉僧答：求人不如求己。

这则纪录是为了突出"求人不如求己"这句话。佛在自己心中，神在自己心中，求自己就行。常言"健康掌握在自己手中"。明代大学问家王守仁也说："凡知觉处便是心"。

《黄帝内经》论"五脏所藏"是"心藏神，肝藏魂，肺藏魄，脾藏意，肾藏志"。这是人体与宇宙全息物质能量场进行交流与沟通的五个不同的频道，其频谱不同，且至少有三级谐震层次。"五脏"与"五音"的关系是"肝在音为角，心在音为徵，脾在音为宫，肺在音为商，肾在音为羽"。"角-徵-宫-商-羽"分别对应的是"3-5-1-2-6"五音阶，比"3"高半音阶的"4"和比"6"高半音阶为的"7"蕴含在其中。

懂音乐的都懂"八级谐震"，经过音乐家设计的高低音合唱，有立体感、多层次、动人心魄，特别动听。但是，在欣赏音乐时，你必需要"安静"，即静下心来听。静就"神定气闲"，"神"就会得到滋养，体内"神机"和"气立"两大巨系统，就能按部就班地正常工作，人神的能量运行就会与大自然的规律和谐同步。如果神不守舍，或坐立不安，神得不到安静，能量不能归位，则必然影响健康。西医现在有"音乐疗法"，相信其医理本源亦是《黄帝内经》。

桃李临春，开花结果；菊花喜秋，怒放傲霜；梅花凌寒，莲出污泥而不染；葵盘向阳，竹本无心而有节；蚕吐丝，作茧自缚，变蛹化蛾，雌雄交而新卵产继，何力促其卵蛹虫蛾之变？蜂酿蜜，筑巢存之，奋勤耐劳，秋冬过则春花再采，是何物主这花糖蜜浆运化？蜘蛛结网，巧而有粘性，能捕飞来蚊虫作美肴；金燕垒窝，坚而临绝壁，确保生育幼仔居安宅；鸟腾飞，鱼戏水，蛰虫潜藏；日出日落，月园月缺等等，都是"神"与世间万物进行信息物质与能量交流与沟通的表"象"。

老子《道德经》言"道无为而无不为"。"道"就是宇宙全息物质能量场"神"之所用。看起来他是什么事情也不做，但宇宙间的任何事物，他随时随地、每时每刻都在管理着。人的"心神"也是这样"无为而无不为"，分分秒秒、随时随地都在与宇宙大自然保持着物质能量和信息的交流与沟通，仅以心跳论，除非你有意去感知心脏的工作情况，一般情况下，你不会时时感觉到心脏的跳动，心脏在健康地工作着；一旦你时时感觉到了心跳，那就是有毛病了，因为违背了神"无为而无不为"，变成了"有为"，那么就有"有不为"的危险。

在五千多年的历史进程中，随着社会分工的日渐细化，一方面真正懂医又懂"神"的人少了，另一方面普通人对"神"的理解狭隘了，当无神论者批判宗教"神"的时候，中医宇宙自然科学之"神"也受到株连。

整部《黄帝内经》每一篇讲的内容，都是把生命放在天地万物之间来讲，不仅仅是人体自身五脏六腑之间要和谐平衡，更重要的是要和宇宙大自然的运行规律同步，和世间万物和谐共处。中医的整体观，不仅仅是把人体看成一个整体，而是把人与万物和宇宙大自然视为一个整体。

"神"就是"宇宙全息物质能量场"。"科学"为"神"定义，那么"科学"又是什么呢？

在《科学定义与哲学方法》一文中，《挽救中医》一书的作者吕嘉戈从《辞海》、法国《百科全书》、前苏联《大百科全书》、《现代科学技术概论》等书中摘录了对"科学"所下的不同定义之后，给"中国科学"下了定义：

"中国科学：顺其自然地从宏观上把握事物，'胜物而不伤'，反映事物宏观的和微观的、内在的和外在的、可见的和不可见的、有形的和无形的内涵和规律，并试图描述事物运动变化的过程和存在状态，以此来说明事物、创立学科。"

我认为，将这句话用于给"中国科学方法"作定义，似乎更恰当些。此外，中国科学方法不是"试图描述"而是"系统地描述"事物运动变化的过程和存在状态，并预言其必然的发展趋势与方向。在吕嘉戈先生定义的基础上，我尝试对"中国科学方法"的定义作如下表述：

中国科学方法：顺其自然地从宏观上把握事物，"胜物而不伤"，反映事物宏观的和微观的、内在的和外在的、可见的和不可见的、有形的和无形的内涵和规律，系统地描述事物运动变化的过程和存在状态，并预言其必然的发展趋势与方向，以此来说明事物、创立学科。

这里为"神"定义，用的便是"中国科学方法"。

2.2 用质能方程式定义"阴阳"

约2200年前编撰成书的《黄帝内经》，奠定了传统中医学"炁"（"生命动力"）、"阴阳"以及"五行"等理论的根基，上一篇论述了"炁"，这一篇论述"阴阳"，再下一篇论述"五行"。

提起"阴阳"学说，诸葛亮"论阴阳如反掌"，经过历史演义，成了智谋无双之人的代名词；刘伯温协助朱元璋打天下"阴阳有准定无差"，亦为民间讲古之人所乐道。中医理论由"炁"而"阴阳"，实则是"炁态物"中包含无限多层次的"阴阳"。在总体一分为二的时候，应是"炁为阳"，为什么？因为"炁态物"处于能量态，活跃在时空统一的宇宙中，是开放的；"粒态物"相对于"炁态物"处于能量潜藏态，居于四维时空座标体系中，是闭合的。

《红楼梦》第三十一回，史湘云和丫环翠缕关于阴阳的一段对话，曹雪芹写得实在精彩："湘云言：'天地间都赋阴阳二气所生，或正或邪，或奇或怪，千变万化，都是阴阳顺逆；就是一生出来，人人罕见的，究竟道理还是一样'。翠缕道：'这么说起来，从古到今，开天辟地，都是些阴阳了？'湘云笑道：'糊涂东西，越说越放屁，什么都是些阴阳？况且阴、阳两个字，还只是一个字，阳尽了就是阴，阴尽了就是阳；不是阴尽了又有一个阳生出来，阳尽了又有一个阴生出来。'翠缕道:'这糊涂死我了,什么是个阴阳,没影没形的?我只问姑娘,这阴阳是怎么个样儿?'湘云道:'这阴阳不过是个气罢了。器物赋了,才成形质。譬如天是阳,地就是阴,水是阴,火就是阳……。'"

翠缕所问"什么是个阴阳,没影没形的?"实在是个大问题。

阴阳学说是中医学基本理论的核心组成部分,由黄帝、岐伯到雷公,再传承至汉代张仲景、晋代王叔和、唐朝孙思邈、金元四大家、明朝李时珍、清代陈修园、郑钦安、直至当代的邓铁涛、朱良春、卢崇汉、刘力红、罗大伦等等,凡临床辩证论治,处方前都要"在阴阳上讨说法,下结论"。

阴阳能决生死。张仲景在《伤寒论》第二卷首篇指出:"桂枝下咽,阳盛即毙;承气入胃,阴盛以亡。死生之要,在乎须臾"。若不能在阴阳虚盛上下结论,便不能处方用药。

《黄帝内经·素问》开篇的《上古天真论篇·第一》就指出"上古之人,其知道者,法于阴阳,和于术数,食饮有节,起居有常,不妄劳作,故能形与神俱,而尽终其天年,度百岁乃去。"这里说知守阴阳,可以长命百岁。

《黄帝内经·素问·四气调神大论篇·第二》指出"故阴阳四时者,万物之终始也,死生之本也,逆之则灾害生,从之则苛疾不起,是谓得道。"《黄帝内经·素问·阴阳应象大论篇·第五》指出"阴阳者,天地之道也,万物之纲纪,变化之父母,生杀之本始,神明之府也,治病必求于本。"

阴阳是万事之本,凡治病者在必求于本,或本于阴,或本于阳，求得其本，然后可以施治。

《黄帝内经》处处论阴阳，如"日为阳，月为阴；火为阳，水为阴；气为阳，形为阴；背为阳，腹为阴；腑为阳，脏为阴；男为阳，女为阴；牡为阳，牝为阴"等等。又云"阳生阴长，阳杀阴藏"，阴阳又是一体的。所以史湘云的讲解没错，翠缕的糊涂有因，就是没有给阴阳一个确切的定义。那么到底什么是阴阳？

后世历代医家最普遍的解释是，凡火热的、向上的、运动的、光明的、刚强的、升发的、开放的等等，属阳，凡清冷的、向下的、静止的、黑暗的、柔软的、收藏的、闭合的等等，属阴。历来对阴阳所下的定义，大有"只可意会，不可言传"的味道。

阴阳的关系是互根的，阴中有阳，阳中有阴；《黄帝内经·素问·阴阳离合论篇第六》讲"阴阳者，数之可十，推之可百，数之可千，推之可万，万之大不可胜数，然其要一也。"

"其要"就是阴阳的定义。我在这里用物理学方法，给阴阳下一个定义。请看爱因斯坦的"质能方程式"：

$E=MC^2$

式中 E—物质的能量

M—物质的质量

C—光速

质能方程式包括了世间不断变化和运动着的万物，凡处于 E 态即能量态的属阳；处于 M 态即质量态的属阴；处于由

34

M态向E态转化、或有M态向E态转化趋势者属阳；处于由E态向M态转化、或有E态向M态转化趋势者属阴；动能为阳；势能为阴。光速C是常数（为什么用平方，下文有解释），在总体上是炁态物与粒态物相互转化的临界（简称阴阳界，也是信息使者）。

世间万物千姿百态，变化无穷，阴阳也同样分层次地千变万化；世间万物无论何态，其阴阳又是一体的；质能方程式本身阴中有阳，阳中有阴，阴阳是对称和谐统一的，而绝不是对立矛盾的。

回到上面引用的《红楼梦》第三十一回，翠缕继续问湘云："那些蚊子、虼蚤、蠓虫儿、花儿、草儿、瓦片儿、砖头儿也有阴阳不成？"湘云认为当然有，《黄帝内经》中记载，蚊子、虼蚤、蠓虫儿、花儿、草儿等动植物的阴阳，也是"数之可十，推之可百，数之可千，推之可万"的。以体之内外论，体表要随时随地、每时每刻与大自然进行物质能量和信息交流，属阳，体内收藏属阴。瓦片儿、砖头儿放置向上的一面，因接收日光，在光量子和热能的激发下，表面比朝下的那一面活跃，有水分会变为水蒸气携能而出，故属阳，而朝下之面属阴。

不少现当代人所著书中，多把阴阳解释为矛盾对立的双方。我就读过一本论述"五运六气"的书，其中论述"阴阳"，认为阴阳系矛盾对立双方的转化，举的例子是白天变黑夜，这是对阴阳理论的想当然。正解是：日与月按照宇宙天体运行的规律而进行着变化，白天时，月（阴）藏于阳；夜则月（阴）

中藏阳，是和谐的，而不是矛盾双方的转化。

阴阳实质上不存在"对立"，而是统一的，步调一致的，相互协调的，是相辅相成、相互依赖的，"阳生阴长，阳杀阴藏"，互根互用，你离不开我，我离不开你，你中有我，我中有你，各有分工，该阳"蓄养"时，阳藏于阴，这是阴的职责，也是阳的需要，即人体小天地为适应自然大局的需要；该养阴时，阴藏于内，阳主外，这是阳的职责，也是阴的需要，亦即人体小天地为适应自然大局的需要。而绝对不是"阴把阳斗垮了，以阴为核心统一了"或"阳把阴斗垮了，以阳为核心统一了"；正如史湘云所讲"不是阳尽了，有个阴生出来；阴尽了，又有个阳生出来"。如果阴阳关系失调，发生了争斗，阴阳相格，那就是有病了。

清代火神派大医家郑钦安先生在所著《医理真传》中论述气血阴阳关系时指出："二物合而为一，无一脏不行，无一腑不到，附和相依，周流不已。气无形而寓于血之中，气法乎上，故从阳。血有形而藏于气之内，血法乎下，故从阴。此阴阳上下之分所由来也，其实何可分也？二气原是均平，二气均平，自然百病不生，人不能使之和平，故有盛衰之别"。

"矛盾对立"的本质，应为"对称和谐"，"对立"一词用在形容阴阳关系上，是不合《黄帝内经》本意的。阴阳之间一旦发生了不和谐，"对立"或"矛盾斗争"某一方偏胜或偏弱，那人就非有病不可，对立斗争的越狠，病就越重。

人体每一个细胞内的物质都可以分出阴阳，能量有释放的，也有收藏的，其细胞内各种阴阳物质运动变化的和谐程度是人类社会永远也做不到的。中医理论就是"与时俱进的和谐论",而绝对不是"矛盾双方对立转化统一论"。建立"和谐社会"必"以人为本",《黄帝内经》记载:"上工治未病,不治已病,此之谓也"。"治未病"即采取相应的措施,防止不利事情的发生发展。在中医中的主要思想便是未病先防,或既病防变。中医理论与治理国家,均需以防微杜渐保长治久安。

总而言之,人与大自然和谐相处,体内阴阳五行对称和谐,与"神"之间的信息物质能量的运行同步,外邪就干扰不了,身体就健康无病;和谐社会建立起来了,肯定"国富民强,天下大治",任何外来的"贼风淫邪"都无力侵入健康的蒸蒸日上的国度。

2.3 "五行"取义"法象"

如上篇所言,传统中医学以"阴阳"的和谐统一理论,上工治未病,追求天下无病,天下太平。这一篇就该讲到中医理论的体系,五运六气。

2.3.1. 五运行

"金木水火土"五行,不是"五种实物形态",是"五运行"的简称。

《黄帝内经·素问·五运行大论第六十七》曰:"夫阴阳者,数之可十,推之可百,数之可千,推之可万。天地阴阳者,不以数,推以象之谓也"。说明阴阳五行的金木水火

37

土是取自然之"法象"，用来推演阴阳运行变化的不同时空状态。

五行是五种"炁"（下用"气"字代，以从习俗），即五种不同频谱的能量波或量子态物质及其所包含的信息，古人称"炁息"，就是后来历代医书中的"气息"。一般都把"气息"二字理解为呼吸，其实《黄帝内经》所言气息的内容要丰富深刻得多。

《黄帝内经·素问·五常政大论第七十》曰："根于中者，命曰神机，神去则机息；根于外者，命曰气立，气止则化绝。"《黄帝内经·素问·六微旨大论第六十八》曰："出入废则神机化灭，升降息则气立孤危。故非出入，则无以生长壮老已；非升降，则无以生长化收藏。是以升降出入，无器不有。故气者，生化之宇，器散则分之，生化息矣。故无不出入，无不升降。化有大小，期有近远，四者之有，而贵守常，反常则灾害至矣"。

宇宙间有"神"有"气"，对应我们人体有"根于中"的"神机"系统和"根于外"的"气立"系统。来自于体内的"神机"系统就是一整套的基因密码及其自动化运行系统；来自于体外的"气立"系统，打个比方，就是无线电的天线接收、处理和运行、传输系统，人体"神机"随时随地、每时每刻都在通过气立系统与宇宙"神"系统进行着物质能量和信息的交流与沟通，保持畅通无阻、接收与传输正确无误，同步运行，身体健康，否则就会生病。

用"木火土金水"这五个字，就如同用"神"字来命名

"宇宙全息物质能量场"一样，是黄帝时代或以前的先祖们给起的名，借用了这五种物质的"象"（即特性）。

2.3.2. "五行"取象大自然

五行中的"火"有"君、相"之分，是因为世间"万物生长靠太阳"，太阳是地球一切能量的来源，即使地热也是在太阳系形成时由太阳母体留下的。太阳有光和热两个方面。《黄帝内经》云"君火以明，相火以位"，明确了君火是主光明的，相火是主热能的。所以五行的生克运转生成五运，阴阳二气的再次细化便成六气，即少阳，太阳，阳明，厥阴，少阴，太阴。让我们就五行的生克运转生成五运逐一道来。

木系统运行的，是一年的春天之气：春风拂人面，万物滋荣，舒展条达；"沾衣欲湿杏花雨，吹面不寒杨柳风"；也是一日"寅卯辰"之朝气，"你们青年人，朝气蓬勃，好比早晨八九点钟的太阳"；也是一月中的上弦月时段，一弯新月，逐日渐园，月光日新。总之木行是"发芽、生长、向上"之气。但有阴有阳，同时根也要向下，向土中扎根并生长，有升有降。

自然公理证明宇宙暗物质、暗能量，无时无刻不在与生物界进行着信息、物质和能量的交流。例如植物的种子在自然条件下，必待到规定的时刻才会发芽。对人体来讲，木气就是肝胆之气。胆木主降，肝木主升。对宇宙大自然来讲，《黄帝内经》定义为"厥阴风木"之气。人体的春木之气要与大自然的风木之气同步相应。不同步，有不及或太过；不

39

相应，有寒热、虚实、升降紊乱之变，都会生病。

火系统运行的，是一年的炎夏之气：万物成长发育时段，有充裕的满足万物成长所需的光和热。也是一日的"巳午未"时段，也是一月中的满月时段。总之是火热的成长之气，即耗能又要生成新的能量之气。从一年的角度看，它继春天之气而来；从一日的角度看，它继朝气而来，从一月的角度看，它继上弦月时段而来，因此定义为"木生火"。对人体来讲，心主用光为"君火"，心包络用热(小肠亦用热但同时生成新能量)为"相火"。"君火以明，相火以位"，心火主光明，相火主降施热能。

对宇宙大自然来说，《黄帝内经》定义为"少阴君火"和"少阳相火"，同是"火"也分出阴阳来，因为两者相比，相火的热能要做功故为阳；君火主光明，虽也做功，但与相火相比，热能占主要地位，又没有第三者，在"火"这一和谐统一体中，君火为阴，为母体。所以心火没有光明太过的病，心火是越光明越好，在明君领导下，身体肯定健康；一但君火光明不足，"则十二官危"，这在《素问·灵兰秘典论第八》中写的明明白白；相火不及或太过，就是热能不够用或热的太狠了，都是病态。

土系统运行的，是大地化生万物之气：即"运化"之气，一年四季，一日四时，一月六候都有主运化的土气，《黄帝内经》曰："脾不主时，而旺于四季与四时之末"，即五运行转化之时段。它是在万物成长发育的基础上进行运化的，所以定义"火生土"。对人体来讲，土主脾胃之气，称为"后

40

天之本"，所以"土"气没有运化太过之病，"吃饭香，身体棒"，但有土气被填实之病。有运化不及之病。胃土主腐熟食物，用热能相对要多，故为阳土；脾土运化耗能相对要少，要统血藏意，故为阴土。

对宇宙大自然来说，无水的干土是不能化生万物的，但同时又不能含水太过，所以《黄帝内经》云："太阴湿土"，"恶湿"就是这个道理。

金系统运行的，是一年的金秋之气：万物成熟，是大丰收的时候。夏日之热降，清凉而燥。也是一日的申酉戌时段之气，也是一月中下弦月时段之气。万物成熟是土气运化的结果，所以定义"土生金"。对人体来讲，金主肺与大肠之气。对宇宙大自然来说，《黄帝内经》定义为"阳明燥金"之气，大肠为阳金，肺为阴金，与"神"同步运行。肺金之清气升，大肠金之浊气降。否则即病。

水系统运行的，是冬日养藏之气：夏日火热，经秋降入土里，此时热藏于地下水中，"水土合德"，坎水藏阳之气，以待来年供养万物生发之用，也是一日亥子丑时和一月朔日时段之气，它继金秋之气而生，故定义曰"金生水"。对人体而言，主肾与膀胱之气。肾水主升以交相火，膀胱水主降，"气化则能出矣"。肾水为阴，养藏阳气，所以肾水没有养藏太过之病，养藏的阳气越丰富越好，养藏不及就会变生病态；膀胱水为阳，太过或不及都是病。

对宇宙大自然来说，《黄帝内经》定义为"太阳寒水"之气。经冬又到了春天，实际上是过了大寒节气之后，就又是木系统主事了。所以定义"水生木"。

春木之气主生发,畏秋金潜藏之气。本是春天,忽然天气大变,干燥清冷,霜露齐下,万物肯定受不了,庄稼也就长不好,故定义为"金克木";秋金之气主丰收,畏火热的成长消耗之气,故定义"火克金";夏火之气主成长,畏冬水寒冷潜藏之气,故定义"水克火";寒冬水气主封藏,畏运行化生的土气,故定义为"土克水"。

2.3.3. 人体细胞"五行生化"运动

五行分别主五脏六腑的生长化收藏运动,以一年论,与大自然二十四节气的变化同步,与植物的春生、夏长、秋收、冬藏同步;以一月论,与月之园缺同步;以一日论,与朝、午、晚、夜同步;以心脏跳动50次,就是中医脉诊所讲求的"50动"论,气血运行全身一周,生长化收藏也要与"神"同步;最细的化分,是从一呼一吸论,吸气收藏为阴;呼气发力为阳,一阴一阳转换,则五行运化也周而复始,吸气开始时段视同秋收,吸气终了时段视同冬藏,呼气开始时段视同春生,呼气终了时段视同夏长,土气居中运化,都有规律遵循。

因此,《黄帝内经》特别强调:"不知年之所加,气之盛衰,虚实之所起,不可以为工。"意思是:不懂得五运六气,诊断治病不分析四季、二十四节气、月盈朔缺、晨午昏夜、呼吸转化等时间因素,你就不能称为医生。可以说,整部《黄帝内经》处处都强调"法时"。

在中医的理论体系里，人身到处都有阴阳五气运行，比如说肝藏胆腑，人身到处都有肝木（属阴）和胆木（属阳）之气在运行，也可以理解为人身处处有肝胆，每一个细胞里都有肝胆，其它各藏腑也是每一个细胞里都有。对于这一点，在《河图》和《洛书》中已有形象而又具体的图示与数理表达。

作为对比，在西医眼里，肝就是一个肝，胆就是一个胆。那么，西医作胆切除手术后，人就没有了胆，但是照样能生活正常，为什么?这其中的原因，就是因为人的胆木之气还在，"神机"和"气立"依然行使着与"神"同步相应的职责。所以，相比西医见肝治肝，见胆治胆，中医是"肝胆相照"，从全局到局部。

2.3.4. "东西南北中"五方的物理座标原点

《黄帝内经·素问·阴阳应象大论第六十七》论述"东方生风"、"南方生热"、"中央生湿"、"西方生燥"、"北方生寒"；李阳波先生在其《开启中医之门——运气学导论》一书中，将"东西南北中"称为"六生五在十二其三伤三胜""神系"。以东方为例，六生：东方生风，风生木，木生酸，酸生肝，肝生筋，筋生心；五在：在天为风，在地为木，在体为筋，在气为柔，在藏为肝；十二其：其性为暄，其德为和，其用为动，其色为苍，其化为荣，其虫为毛，其政为散，其令宣发，其变摧拉，其眚为陨，其味为酸，其志为怒。怒伤肝，悲胜怒；风伤肝，燥胜风；酸伤筋，辛胜酸。

还有《黄帝内经·素问·阴阳应象大论第六十七》里讲

的"十二其"：即"性、德、用、色、化、虫、政、令、变、眚、味、志"十二个方面。在取象上以"东方表春，南方表夏，西方表秋，北方表冬"。对此，有人会说，仅此一点就证明中医太不"科学"了，比方我居北京，那郑州在南方为夏；而郑州人则认为他的南方比如广州为夏，上海为春，那上海人的春天只能在大海上了，以五方论四季太不"科学"了，不是吗？

持这种观点的原因，是把黄帝时代对东西南北取向的座标原点搞错了。《黄帝内经》中东西南北中五方的座标原点是"北极星"，北斗七星围绕北极星运行，当"斗柄指东"的时候，"天下皆春"，无论你是北京人，或是郑州人、广州人、上海人，都是春天。古人"夜考极星"得出的斗柄指四方，而显春夏秋冬四季之象，你说"科学"不"科学"呢？当然每一昼夜，北斗七星也因地球的自转而显示运行一周（白天看不见），这里有一个时间座标体系在里面。古人说的"斗柄指东，天下皆春，斗柄指南，天下皆夏，斗柄指西，天下皆秋，斗柄指北，天下皆冬"，是同在夜晚面北观测的。现在城市空气污染和灯光污染，人们很难观看星星，在空气无污染没有灯光的地方去观测，可以直观地感受到这一点。

古人云"四时类聚成四方"。地之"方"是由时间类聚而成，比如"斗柄指东，天下皆春"，春天万物滋荣，生机勃勃，万类在春天的"表象"就聚成了"东方"，在郑州、上海或广州都是一样的。这用的又是"取象比类"的方法。但是在南半球，就不是这样了，在那里"斗柄指北，天下皆夏；斗柄指南，天下皆冬"，与北半球是相反的。

虽然在南半球看不见北极星，但其自然公理也是客观存在的。

2.4 数论"五运六气"与"兑七艮八"

"五运六气"源自《黄帝内经》，五运，是指木、火、土、金、水五行之气的运行，六气，是指风、寒、暑、湿、燥、火六种气候的变化，在《黄帝内经》中，六气又按阴阳属性划分为三阴三阳，即少阳，太阳，阳明，厥阴，少阴，太阴。

"兑七艮八"来自《易经》，说的是八卦九宫图的排列，"坎一坤二震三巽四中五乾六兑七艮八离九"。

自古医易同源，"五运六气"与"兑七艮八"均涉及到自然公理。

2.4.1. 循环往复数字"五"

以自然公理来分析，在数论中，"5"这个数是"唯一的循环周期数"。

研究循环往复的周期现象，在科技发展史上成果丰硕，门捷列夫的元素周期表就是最突出的一例。而《黄帝内经》所揭示的人体生理运行的日周期、七日周期、月周期、四季周期、二十四节气周期、年周期、六十甲子周期等更是令人赞叹不已。

让我们从中医"阴阳学说"来看"5"是"唯一的循环

周期数"的道理所在：

将阳数设定为X1，阴数设定为X2。

阴阳转化，阴加"1"变为阳：X2+1（*如果用阳加1变为阴，再阴阳平衡，其证明结果是一样的*）。为什么要加1呢？

这个1可以理解为"神"的一套完整的与人体细胞进行交流的、可运行的物质能量和信息单元。在量子力学创立之初，科学家们发现，在原子中电子跃迁时所发出来的能量不是连续的，而是一份一份的，每一份都是再不能分割的能量基本单位的整数倍，于是将这一份能量基本单位命名为"量子"。我们假设，人体组织细胞里面的物质、能量和信息，都是以许许多多的不能再分割的、不连续的、以1为单元进行分配、组合和运化的。

将（X2+1）除以X1，得出第三数为X3。五行之间是对称统一的，要随时随地保持一种平衡的状态，相比乘法的倍数效应，我们用除法来保持平衡。即：

X3＝（X2＋1）÷X1

再将第三数加1除以第二数，阴阳运化得第四数X4。

以下各步运化都加1并用除法，道理同上。

X4＝（X3＋1）÷X2

＝（X1+X2+1）÷X1X2。

X5＝（X4+1）÷X3

＝{［（X1+X2+1）÷X1X2]+1}÷［（X2+1）÷X1]

＝（X1+X1X2+X2+1）÷ X2（X2+1）

$X6 = [（X1+X1X2+X2+1）÷ X2(X2+1)+1]÷（X1+X2+1）$
$÷X1X2$

$= (X1+X2+1)÷X2×X1X2÷(X1+X2+1)$

$=X1.$

运算的结果是 X6＝X1，第六数等于第一数。

继续演算下去，同理，阴加 1 出阳，同时也有阳加 1 入阴，阴阳对称，互相转化。故以 X1+1 除以 X2 得 X3，则到 X6=X2。

这时的阳数 X1 和阴数 X2 从纯数学计算结果看，数字的循环往复，没有变化。但是对于阴阳五行来说，就有变化了，因为你每次运算都加了 1 份物质能量基本信息单元在里面，其内在的物质能量信息系统必然会有增加。这种增加具有阴阳二性，阴性物质能量信息单元的增加，阳性物质能量信息单元就相对消耗能量，反之亦是。能量守恒定律在这里同样起作用。阴阳一体，和谐平衡，互根互用。

按照上面的方法再进行五运行的运算，用"爬虫"（Python 编程软件）写一个指令程序运算下去，就会循环往复，永无止境。这种运行实际上是很快的，生命每时每刻都在与大自然进行着物质能量和信息的交流，吐故纳新，生生不息。

数是数不完的，在无限多的数中，只有"5"是循环往复数，这就是"法于阴阳，和于术数"，是"神"的规律使然。

说到"法于阴阳，和于术数"，出自《黄帝内经·上古天真论篇》，岐伯在回答黄帝关于人的寿命怎样能够有一百年时，说的那句大家都知道的非常精彩的一段话："上古之人，其知道者，法于阴阳，和于术数，食饮有节，起居有常，不妄作劳，故能形与神俱，而尽终其天年，度百岁乃去"。

阴阳造化之端落在这个术数，哪年发生什么事，到什么岁数有什么问题，都由术数来定。术数，阴阳之精微者，要法于这个阴阳的道理，合于自然形成的规律。比如很多花朵，一开就是五瓣，不是三瓣不是四瓣。按理说一生二，二生三，三生万物，四是四时，五是五行，六是六爻，八是八卦，九是九宫等等，1到9都可以，为什么偏偏是五?梅花、桃花都是5个花瓣？还有，人类手有五个手指头，脚有五个脚指头；就连海洋里的无脊椎动物海星，身体也呈五角星状。

这就是天地"神"的造化，只能用五行，五运行才能保证生命体在生命周期内，新陈代谢循环往复，生生化化，如环无端，永无休止。要用非5数，就不会有循环往复，漫无边际，不能形成自身的闭环，那就全乱套了，生命运行的规律不存在了，还如何保证生命的存在？

术数极微极妙，从数论的角度更是一处待发掘的宝库。几何学来看，只有五种正多面体，即正4、正6、正8、正12与正20面体；代数学来看，一般的二次、三次和四次方程都可以用求根公式求解，而五次方程就不再能用根式求解。就连我们祖先发明的算盘，横梁之上一颗算盘珠代表的也是5。

只有"五运行"，才能保证生命体在生命周期内，新陈代谢循环往复，生生化化，永无休止。多一行或少一行都不行！

上面已说明火行分光（少阴君火）和热（少阳相火）两个方面的气，故五运行也就只能有六气。多一气或少一气也不行！

2.4.2. 上善若水数字"六"

再从数论角度来看数字"6"也很有趣。等于和大于 6 的自然数，若此数是合数，则将其分解成素因子的积，然后将这些因子相加记为 N1，所得的和加 1 记为 N2，对 N2 也如法计算得 N3，继续计算下去得 N4、N5、N6 等等，但最后得数永远是 7 和 8。例如 2010 是合数：

$2010 = 2 \times 5 \times 201$

$N1 = 2 + 5 + 201 = 208 = 2 \times 2 \times 2 \times 2 \times 13$

$N2 = (2 + 2 + 2 + 2 + 13) + 1 = 22 = 2 \times 11$

$N3 = (2 + 11) + 1 = 14 = 2 \times 7$

$N4 = (2 + 7) + 1 = 10 = 2 \times 5$

$N5 = (2 + 5) + 1 = 8 = 2 \times 2 \times 2$

$N6 = (2 + 2 + 2) + 1 = 7$

$N7 = 7 + 1 = 8 = 2 \times 2 \times 2$。

再往下算就永远得 7 和 8。

若取的数是素数，直接加 1 变成合数，再如法计算，结果也是一样。取任何一个数都是如此。但是对于大于 1 而小于 6 的自然数，最后得数都是 6。

这里小于 6 的数不包括 1，说明 1 是特殊的数，在《数论》中，1 就是一个特殊的数。这里从"道生一，一生二，二生三，三生万物"来看。在一之时，处于太极状态，即混沌一元之时，阴阳两仪没分，三阴三阳尚未孕育，何来化生万物？所以 1 要除外。有了阴阳两仪，生化万物便是必然的了。

我们先来算 2：

N1＝2＋1＝3

N2＝3＋1＝4＝2×2

N3＝（2＋2）＋1＝5

N4＝5＋1＝6＝2×3

N5＝（2＋3）＋1＝6。

再继续下去，永远得 6，"6"是水的成数，上善若水。

再算 3：

N1＝3＋1＝4＝2×2 看上面的 N2 就知道不用再算下去了，最后肯定得 6。

4 和 5 照此计算下去，结果也是得 6。

人的生命体与宇宙大自然只能以五运六气相互运行不息，您加减一行一气都不行，合于术数，"数"在那里限定着呢！

2.4.3. 数字"七、八"与"体、用"的关系

按上一节所述运算规律，大于 6 的数均平衡收敛于 7 和 8，这一节就来讲数字 7 和 8。

中医基础理论的形成和发展，与中华民族古老的文明、朴素的哲学和先进的算术相互呼应，不可分割。分析数字7和8，就要说到阴阳五行术数之源的河图与洛书，自古医易同源，学医者不可不知易。所谓"河出图，洛出书，圣人则之"就是说黄河中出现"图"，洛水中出现"书"，圣明的人能根据细微的征兆开展研究推理，进而得出一系列理论性的东西。

关于河图和洛书的文字记载，最早出现在先秦、西汉的典籍中，而图片最早出现在大约北宋时期。

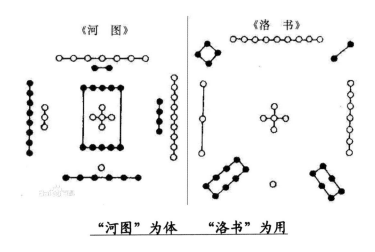

"河图"为体 "洛书"为用

"易"的理论核心是八卦，理论体系分先天八卦和后天八卦，前者来自《河图》，后者来自《洛书》。从易学理论的发展来看，《河图》为"体"，《洛书》为"用"。

在《河图》和先天八卦里，"地二生火，天七成之"，七是火的成数；"天三生木，地八成之"，八是木的成数。火为

51

能源，木能再生，五行运化，可保长久。若能源枯竭，不可再生，则大千世界便失去了本。

在《洛书》和后天八卦里，七在西方兑宫，又称仓果宫，与东方震宫（又称仓门宫）相对；八在东北方艮宫，又称天留宫，与西南方坤宫（又称玄委宫）相对。

《河图》为"体"，"体"本于运化相生，有了能不断再生的能源，是为长久之计；《洛书》为"用"，为发展和创新，要调节制约；唯坤土之气为运化之母体，后天艮土之用也必与母体相辅相助，才能保运化不息，同五运六气一样，都是为长久之计划，可持续之发展。

说到体与用的关系，再补充一点关于阴阳方面的体用关系，将体用的关系用阴阳来说明。阴阳之间，哪个属于体，哪个属于用？前面讲到"炁态物"为阳，"粒态物"为阴。我们人为"粒态物"，体为阴，而用为阳，与神同步相应；新生儿出生之前为先天，出生后一声哭喊，"神机"与"气立"两大超巨系统开始运行，与神同步相应，则先天与后天同在，先天之身为体，后天之阳气为用。这就是卢崇汉老师所讲的"一切生化机能是无形的，它属于阳……。人体机能的运行以及我们人体的生存是靠阳气"；《医理真传》里讲"阳行一寸，阴即行一寸，阳停一刻，阴即停一刻"。这说明扶阳学派的理论根据也来自自然公理。

在"炁态物"世界里，体为阳，而用为阴，以化生万物为用，老子曰："有生于无"，就是"体阳而用阴"的形象表达。试想宇宙生成之初，几乎全是暗物质能量波，即几乎全是阳性物质，即而生成质子、中子和电子，由这三种粒态物化生出万物，就是体阳而用为阴的铁证。

说到这里，就又引出了男女之间的又一区别：男子体阴而用阳，女子体阳而用阴：

坎卦为乾卦中爻交于坤卦中爻而称中男，震卦为乾卦初爻交于坤卦初爻而称长男，艮卦为乾卦上爻交于坤卦上爻初称少男，皆以坤卦为体，得一阳爻，故体阴而用阳；

离卦系坤卦中爻交于乾卦中爻而称中女，巽卦为坤坤卦初爻交于乾卦初爻而称长女，兑卦为坤卦上爻交于乾卦上爻而称少女，皆以乾卦为体，得一阴爻，体阳而用阴。

前文所述，人是"体阴而用阳"，而这里所说女子是"体阳而用阴"，并不矛盾，因为这涉及阴阳学说的层次上。前面引用《黄帝内经》讲阴阳"数之可十，推之可百；数之可千，推之可万；万之大不可胜数，其要一也"。从实物形态和炁态论，世间万物都是"体阴而用阳"，这是一个层面，往下可以分出无数多个层面。从人的性别上论，男性"体阴而用阳"；女性"体阳而用阴"。

用阴阳来说明体用的关系，那么阴阳之间，哪个属于体，哪个属于用？以细胞为例打个比方，每一个细胞的阴阳可以分出许多层次：细胞膜因时时要与外界交换物质能量和信息，属阳，里面收藏属阴；细胞膜外层与里层比，外层有条件地开放属阳，里层向内输送应当养藏的物质能量和信息，属阴；在细胞里面，处于生长运化的属阳，被合成的各种蛋白质、氨基酸、酶、维生素等等属阴。再以一个蛋白质分子论，其有从质量态向能量态运化者属阳，从能量态向质量态运化的属阴等等，不同层次的物质能量和信息，有不同的阴阳属性，并不存在矛盾。

上面讲到"五六七八"，再看其他的数字，中文写出的数字，境界也是博大精深，例如"道生一，一生二，二生三，三生万物"，李阳波先生在《运气学导论》中曾这样解释"四"："四"就是表示"万物"，四是方的，就是前面解释"天园地方"中的"方"。书中写道："方内的两划，左边的一划可以表征万物形类的属阳部分，右边的一划可以表征万物形类的属阴部分……三下去就是万物的部分，所以用四。大家想想，古人的造字就是这样，没弄清楚的时候，觉得没什么，也难弄，可是一旦弄清了，意义就深刻了，而且是那么优美"。

确实，从一到十，唯"四"字的笔划最多，表万物字，为五划。"五"和"六"都是四划，"五运六气"是统一的。七、八、九、十都是两划，意为"都在五行中"。在甲骨文中，五字上一横代表天，下一横代表地，中间两划是交义的，表示天地阴阳气交，五行运化，正是土之数。《说文解字》言"五行也，从二，阴阳在天地间交午也"正是此意。

2.4.4. 统一标准不是制造出来的

上个世纪九十年代，在"中西医结合"的潮流推动下，有学者尝试用统一的标准，也就是西医的方法来解读中医经典著作，以此论证中医的科学性。然而，中医理论的标准事实上来自于宇宙大自然的运行规律，正如气候无常而多变，人们无法用统一的标准预报天气，只能推断其发展趋势和方向，当其时则可作出相对准确的结论。中医的"个体化治疗"，必需临症，做决断的依据并没有一个统一的标准。

举例而言，五脏与五味的关系是"心苦、脾甘、肺辛、肾咸、肝酸"。但唯有"心宜食酸"，酸生木，木生火，火属心；"肾宜食辛"，辛生金，金生水，水属肾，都是取其五行相生之义；而"肝宜食甘"，甘生土，土生金，金克木，木克土，是取其所胜，这里就与心和肾用的不是一个统一的标准了。"脾宜食咸"也是取其所胜；"肺宜食苦"则是取其所不胜，苦属火，肺属金，火克金，想用统一的标准就又错了。没有"统一的标准"，不是不科学，而是宇宙大自然规律使然，对此，本书后续章节将展开作进一步的说明。

讲究临症的中医，制造不出统一的标准。例如，十二经络的原穴，心经原穴是大陵而不是神门，神门是心经穴位，大陵是心包经的穴位，是不是错了？没错！因为心是"君主"，心包为"臣使"，有"代心受邪"的职责。这是心经的特殊性决定的。同理，在十四经别和脾之大络合称的"十五络"中，手太阴列缺、手少阴通里等，当写道手厥阴内关时，《黄帝内经·灵枢·经脉》写的是"手心主之别，名曰内关"，而没有称为手厥阴之别，也是心包"代心理事，代心受邪"之意。还有五脏五腧穴中，没有心包经五腧穴，而心经的五腧穴是：井穴中冲、荥穴劳宫、腧穴大陵、经穴间使、合穴曲泽，都是心包经的穴位，其道理与心经原穴是大陵而不是神门是一样的。其实各脏腑都有其特殊性的一面，不能强调统一的标准。

2.4.5.哥德巴赫猜想和角谷猜想

数论仅以自然数为研究对象，历来认为是"纯数学"，历史上最重要的数学家之一高斯，200多年前将数论誉为"数学中的皇冠"，后来的数学家都喜欢把数论中一些悬而未决的疑难问题，叫做皇冠上的明珠，著名的报告文学作家徐迟，在写数学家陈景润攻克哥德巴赫猜想时，也用了皇冠上的明珠这个说法。在前面演算的5、6、7、8，联系"五运六气"和《河图》《洛书》，这种"巧合"，亦是数论在实践中的悬而未决的疑难问题。

在生命科学领域，每一个活着的细胞都是一个复杂的物质能量和信息结构，若视细胞分裂为一个大偶数化为两个素数，然后再加"神"的一套完整的与之进行交流的、可运行的物质能量和信息单元，则新的两个细胞就生成了。这就好比一台电脑加上一套运行软件之后就可以"活"起来一样，是不是这样，值得我们进一步研究。万物中有各种各样的细胞，不可计数，自然数中有无穷多个大偶数，也不可计数，足以供各种各样的细胞生化运行选用。

李可校注、民国大医家彭子益先贤著的《园运动的古中医学》中，论述了人之生命，先在母体中时，肺是一块肌肉，与母体是同呼吸，共命运的。当其出生后，随着第一声哭喊，肺张开了，才是新生命的真正开始。前面我们讲过，肺张开之时，"神机"与"气立"系统与宇宙全息物质能量场的同步运行也就开始了，这是在整体上体现出的"加一"。而每一个细胞生命的运化也是如此，其运算的速度之快，准确度之精确，是任何先进的计算机也赶不上的。

德国数学家哥德巴赫（Goldbach C.）在 1742 年提出猜想，是不是每个大于 2 的偶数都可以写成两个质数之和。几百年来，尚在证明之中的哥德巴赫猜想帮助了许许多多科学家打开深度思考的大门，在生化界，有人将哥德巴赫猜想应用于细胞分裂的研究。

如果说哥德巴赫猜想能够反映细胞的分裂，那么角谷猜想就有可能反应了生命体的合成。日本学者角谷静夫在 1930 年代提出一种猜想：任意数，当其是奇数时，以（3n+1）使之变为偶数；当其是偶数时，除以 2，如此往复计算下去，最后三位得数都是 4、2、1，最终得数都是 1。

比如初始数是 11，照角谷的规则运行下去，依次得到 34、17、52、26、13、40、20、10、5、16、8、4、2、1。最终得数是 1

角谷猜想是否有可能反应了生命体的合成?这里所说的生命体,泛指一个细菌、或一个细胞，或一棵小草、或一只麻雀、或一株蘑菇、或一个蚂蚁、或动物体内的一块完整的肌肉、或一个氨基酸的分子等等。很显然，生命体必需是 1，即必需是完整的。

《黄帝内经·六节脏象论第九》记载，岐伯在回答黄帝"气数何以合之"的问题时答道："故其生五（即五运行），其气三（即六气中的太阴、少阴、厥阴三阴和太阳、阳明、少阳三阳）。三而成天，三而成地，三而成人"，也就是"三生万物"所证明的大千世界都是由"原子、质子和中子"这三种粒子组成的，无一例外。

当某数是奇数时，属阳，是生长态。(3n+1)中的"3"契合"三而成天，三而成地，三而成人"的思想；加"1"的道理，与前面谈循环往复数五运行时的加一相同。

当某数是偶数时，属阴，是收藏态。收藏的目的是要化生新的生命单元，好比母体生育新的生命。此时"大偶数可表为两个素数之和"的公式就会自动运行，即"以2分之"，然后接收一份"神"的全息物质能量单元，新的生命就进入到成长态。

上面以11为例运算出4-2-1的结果，再以13为例，13也是奇数：

$3 \times 13 + 1 = 40$

40是偶数，以2分之：$40 \div 2 = 20$

20是偶数，$20 \div 2 = 10$

10又是偶数，$10 \div 2 = 5$

5是奇数，$3 \times 5 + 1 = 16$

16是偶数，$16 \div 2 = 8$

以下 $8 \div 2 = 4$；　　　$4 \div 2 = 2$　　　$2 \div 2 = 1$。

你可以取任何数计算，结果都收敛于1。

试想基因工程在合成各种各样的蛋白质、氨基酸、酶、维生素等等人体必须的生命物质时，为什么那么快速且精确无误？是因为这整套的基因密码中给定有每一种物质合成或分解的数论公式。对于生命体，特别是人体，是一个超复杂的巨大系统，2011 年英国最早拍摄的关于基因的纪录片《基因密码》言"人类可能存在的基因组至少有 10^{100} 种；我们体内的基因数目，并非现在预估的十万个，而是最起码有 40 万个，而且其中大部分还是未知的。"基因数目如此多，但自然数有无穷多个，足够编码选用。

2.4.6. "数学皇冠"与人类精神生命内在规律

数学高度的抽象性和广泛的实用性是统一的。应该说没有不具备实用性的数学，数论也不应被排除在实用性之外；也没有不用数学的科学，数论所揭示的自然数的规律，可能包含着生命体与大自然之间尚未为人所知的丰富内涵。

再以爱因斯坦质能方程式 $E=MC^2$ 为例，这个物理学公式已被科学家们广泛应用于发现构成我们宇宙的基本粒子，利用核能，扩张核武器等等，时至今日，该理论又被用于描述宇宙中物体如何相互作用的重力理论。那么，当初爱因斯坦为什么用光速 C 的平方，而不是立方或其它次方，或 e 次方？

1976 年，美国发射"旅行者"号的时候，为了让旅行者号飞入太空后被外星人发现，能让外星人从中知道地球在宇宙中的位置、地球人是什么模样、科学技术发展到什么程度等等，可谓费尽心机。旅行者号载有一块金属板，上面有地球人男女裸体像，录有自然界的风声、各种鸟的鸣叫声等，而表示科学与技术水平的，最终入选的是我国的"钩股弦定理" $3^2+4^2=5^2$ 及其以 3、4、5 为单位边长而组成的三角形和矩形图。记得丁肇中博士曾在中央电视台上解释过，最先入选的是欧洲的"毕达哥拉斯定理"，但最终认为"毕达哥拉斯定理"没有"钩股弦定理"所表示的内容深刻与全面。

因为在 $X^2+Y^2=Z^2$ 这样的方程中，可以有无数组整数解；

而在形如 $X^n+Y^n=Z^n$ 的方程中，当 n 大于 2 时，永远没有整数解。

生命的每一个细胞或单元都是一个整体。人体在运用质能方程进行物质能量和信息运化时，C 表示的就是所获取的信息，当然这个"信息"比我们平时所谓的信息的内涵要丰富得多，且必须是一个可应用的整体单元，而不能是支离破碎的片断。要得出整数解，只能是 C 的平方。

为什么说"C 表示的就是所获取的信息"？因为光具有波粒二象性，波是能量波，粒是光量子，二者合称光，若将其二分之，则能量波和光量子都属暗物质和"暗能量"，即属于阳性"炁态物"，是"神"的组成部分；植物的"光合作用"等自然"象"，就证明了光在万物之间负有"信息使"的功能。

推而论之，凡是处于时空统一态的物质，即超过光频的"暗物质"和"暗能量"也都负有信息使的功能。我们身体与生俱来的"神机"与"气立"就时时刻刻随时随地和这些"信息使"交往。

2.4.7. 否定随机性

英国《新科学家》曾经刊载的伊恩·斯图尔特《否定随

机性》的文章写道："人类非常善于发现规律，这种能力是科学的基石之一。当我们发现了某种规律，就会试图将其公式化，然后套用这个公式帮助我们了解周围世界。如果我们找不出规律，并不会将其归于无知，而是将它归入另一个我们特别爱用的概念，我们称之为随机性。"

我们可以肯定地说，现实中没有随机性这种东西。实际上所有看似随机的现象，都不是自然本身确实不可预知，而是由于无知，或是对于认识世界过程的其它限制。这一理论并不新鲜。亚历山大·蒲柏在他的《人论》中写道：

所有的自然之物，都是人类未解的艺术；

所有的偶然，都有看不见的方向；

所有的不和，是和谐未被人领悟；

所有的小恶，是大善的另一种模样。

伊恩·斯图尔特是《上帝掷骰子吗——混沌之新数学》一书的作者(注:中国学者曹天元的同名书全称是《上帝掷骰子吗——量子物理史话》)。除了最后关于善恶这一句，数学家们现在理解到伊恩·斯图尔特说得有多么正确！

2009 年，我国国防大学教授金一南少将在中央电视台《中华文明大讲堂》作系列讲座。金教授的讲座令人叫好的原因，是他站在公正的历史高度，利用坚实可信的历史文献，以全球视角来讲解中国革命成功的宝贵经验。

讲座中说到了这样一件事：宋美龄在与蒋介石结婚后，去蒋介石的老家奉浙江化溪口，在老家院子里亲手栽种了一棵梧桐树。这棵梧桐树一直长的很好，改革开放后更是受到了特殊保护。

但是在 2003 年夏天，正是万木滋荣之时，这棵有近 80 年树龄的梧桐树忽然枯死了半边。当地政府和群众也非常关心，请相关专家来看护，并未发现病虫害或其它自然环境等方面的不利因素。到了 10 月，这棵树就彻底枯死老去了。

恰恰在 2003 年 10 月 24 日，宋美龄以 106 岁高龄在美国逝世。这仅仅是巧合吗？金一南少将在讲座中提出了这个问题，这不是"巧合"二字所能解释得了的。正如伊恩·斯图尔特所说，所有看似随机的现象，都不是自然本身确实不可预知，而是受制于认识世界过程中的其它限制。设想有一天，我们不受暗物质科学的限制，我们打开了更深奥的暗物质世界，那时，我们用"神"即"宇宙全息物质能量场"的"炁息"沟通与交流，当能解释梧桐树与 80 年前主人之间的"不同年生，但同年死"。

2.5. 运用"五运六气运行理论"的实践

前文引述先圣岐伯所说"谨候其时，气可与期"，意思是老天爷会帮助你，有"神"助之。

《黄帝内经》指出人的病分为七大类：①外感六淫：风、寒、暑（热）、湿、燥、火；②内伤七情：喜、怒、忧、思、悲、惊、恐；③起居无常；④饮食无节；⑤劳逸失度（病起于过用）；⑥病气遗传；⑦跌扑损伤。

上述七大类病，除第七类跌扑损伤外，都与五运六气有着或多或少、直接或间接的关系。严格说跌扑损伤也不是全无关系，例如天寒地冻之时的外伤和炎夏时受的跌扑外伤，人体内的应急机制反应、医生的处理等方面，就不相同。

天地人之间本来就运行着五运六气，正常的风、寒、暑（热）、湿、躁、火就是六气之本；太阳、阳明、少阳与太阴、少阴、厥阴为标；太阴与阳明、少阴与太阳、厥阴与少阳互为中气。"太阳寒水"标阳而本寒为阴；"少阴君火"标阴而本火为阳。此二者标本不同性，所以太阳与少阴从标从本。"太阴湿土"标阴而本湿亦属阴；"少阳相火"标阳而本火亦属阳，此二者标本同性，所以太阴少阳从本；而厥阴和阳明不从标本而从乎中气。

《黄帝内经·素问·至真要大论》指出："从本者化生于本，从标本者有标本之化，从中者以中气为化也。"继言"百病之起，有生于本者，有生于标者，有生于中气者。有取本而得者，有取标而得者，有取中气而得者，有取标本而得者，有逆取而得者，有从取而得者。逆，正顺也。若顺，逆也。故曰知标与本，用之不殆，明知逆顺，正行无问，此之谓也。不知是者，不足以言诊，足以乱经。"因为"标本之道，要而博，小而大，可以言一而知百病之害。言标与本，易而勿损，察标与本，气可令调，明知胜复，为万民式。"以上都说明标本论治的重要。

文中脉诊与四时的关系，正确服药时间的选定，后世《伤寒论》中指出六经病的"欲解时"等等，都与五运六气密切相关。《黄帝内经·素问·四气调神大论》就指出："逆春气，则少阳不生，肝气内变。逆夏气，则太阳不长，心气内洞。

逆秋气，则太阴不收，肺气焦满。逆冬气，则少阴不藏，肾气独沉。"

《黄帝内经·素问·天元纪大论篇第六十六》指出，"应天之气，动而不息，故五岁而右迁；应地之气，静而守位，故六期而环会。动静相召，上下相临，阴阳相错，而变由生也……。天以六为节，地以五为制，周天气者，六期为一备；终地纪者，五岁为一周。"宇宙大自然的六气，"五岁而右迁"，而五行则"六期而环会"。究其实质，还是医易不分家，是坤上乾下的"泰卦"结构。在五运六气的具体计算上，以地支表六气，以天干表五行，究其实质，是《易·上经》坤上乾下的"泰卦"结构，亦是《易·下经》坎上离下的既济卦结构。

以地支表六气，见《黄帝内经·素问·天元纪大论》："子午之岁，上见少阴，丑未之岁，上见太阴，寅申之岁，上见少阳，卯酉之岁，上见阳明，辰戌之岁，上见太阳，巳亥之岁，上见厥阴。"

以天干表五行，见《黄帝内经·素问·五运行大论》："土主甲己，金主乙庚，水主丙辛，木主丁壬，火主戊癸。"

五运分主运和客运；六气也分主气和客气。主运和主气主常，客运和客气主非常之变化。一旦某一运或某一气偏盛，便会出现异常突变，就是邪气，称为"淫气"。淫者，过也，不正常了，影响到人体阴阳五行和六经的正常运行，就会生病。

2009年小雪节气前后，我到前文提及的那位朋友家去，他母亲八十多岁了，因为孙儿早逝而悲伤过度，出现高血压，且极不稳定。我诊其脉，用一句话概括，就是"冬显夏脉"，尺脉弱，属"悲愤"过度而非仅仅"悲伤"过度，因其肝脉"动"而顶指；大便干；眼睛视物昏花，视之翳膜厚而混浊，有血丝，据述有老年性白内瘴；舌尖红；饮食尚可，胃气基本正常。"见肝之病，知肝传脾，当先实脾"。但对于这位老人，不能一概而论。

试想，冬季阳气当潜藏而获得滋养，现在是体内阳气妄动，根在"少阴不藏，肾气不衡"，因肝木气急而累及其母危及其子，所以，当从肝肾入手，再辨别施治。当时正值严冬季节，大自然万木萧条，疏肝之品如柴胡，投则违时。当以肾为主，老年人肾阴肾阳虚，比较普遍，若肾水足，则坎中之水正是藏阳养阳之所；肾水交济心火，便是泰卦格局。当年己丑年，"土主甲己"，中气为土运；"丑未之岁，上见太阴"，则是太阴湿土司天，太阳寒水在泉；加之小雪节气后，正是五之气(主气阳明燥金，客气少阳相火)向终气转化之时；主气终之气是太阳寒水，客气第三步总是与司天之气相同，则四之气为少阳相火，五气阳明燥金，终之气也是太阳寒水。在此格局下，老年肾虚就负担很重，情志内伤于肝木而累及其母则是自然的了；五气之时，中运土，主气阳明燥金，客气少阳相火，肝木未乘土，就是说："见肝之病，知当传脾"而未传脾，是五运六气的作用使然，"神"帮了忙。

在朋友的信任下，我给其母亲开了茶饮而非药饮处方：

杜仲 3 克；臣以桑寄生 5 克；佐泻热生津的决明子 3 克 (炒黄)、野菊花 3 克以降相火，暖肾水，滋阴藏阳；使以活血疗伤之苏木 2 克计 16 克，共破碎，为一包，每天用开水冲泡作茶饮；嘱当出现大便溏泄情况时，停饮二三日，然后再继饮之，至大寒节气停用。饮食上，作粥时加鸡头菱 (即芡实) 莲籽和桂圆。并嘱其在开春桑椹上市之时多买点，调和蜂蜜食用。

从小雪节气到春节，其母一直饮用此药茶、粥和桑果，没吃过其它药，春节前再诊脉，则现沉缓平安，尺脉有根，与季节同步，只是视力差，并言大便干结，看舌尖红，所以建议她以决明子 5 克炒黄破碎，加红枣片适量，每日当茶饮，至大寒节气停用。

于我而言，"谨侯其时，气可与期"，医人如此，自医亦如此。

1982 年，我被确诊有冠心病，在地市、省和北京多家医院检查，确定为冠状动脉硬化，左心室肥大，心尖园垒，室性早博等。当年给我诊断的那位主任医师告诉我，因心脏长期供血不足，负担过重，所以我心室肥大，加之心尖园垒，已是器质性病变，从此离不开"急救盒"和救心丸之类的药了。

谁曾想，用桂枝去芍药加附子汤六剂，2008 年，我把自己的冠心病彻底治好啦！其中附子生用是"秘方"，纯属我自己的"发明创造"。生附子药店很少有，我们济春堂的传人们四处里帮我找了一些。我服药的时间选在孟春季节，服药时间则在早午，因为晚上服，发现对入睡不利。为防止复发，我连续三年在孟春季节都取桂枝去芍药加附子汤两剂服之，2008 年至今，我再未用"急救盒"和救心丸。

选择孟春服药，是因为 1982 年我的发病时间在 4 月，后来基本上都是这个时段较严重，所谓"欲剧时"。其实，本人经过自医的实验，认定从生理方面而论，六经病的"欲解时"与"欲剧时"是同一个时间段，下一节专题来讲这个问题。

处方用药，关系巨大，不能不慎重细思。运用五运六气知识，"僅候其时，气可与期"，就是老天爷会帮助您，有"神"助之。

2.6. 以生理和病理论 "欲解欲剧时"

《伤寒杂病论》将太阳病、阳明病、少阳病、太阴病、少阴病和厥阴病称为三阴三阳"六病"。宋朝的"医学博士"朱肱在对《伤寒杂病论》做注解时用了"六经"的说法，后世人约定成俗，统统用"六经病"代称三阴三阳"六病"。

张仲景看病，看三阴三阳病，一个重要的特色是看"欲解时"，通过"欲解时"来辨证判断三阴三阳的归属。所以，不久前我听一位年轻人说起"世界时间医学之父"是一个美国人，我坚决反对并与这位年轻人展开了激烈的辩论，我认为，如果所谓的"世界时间医学之父"的说法成立的话，那么只能是发现"欲解欲剧时"规律的张仲景！

有意思的是，《伤寒论》对六经病"欲解时"的论述，是六条格式统一的条文，在此罗列并释义如下：

第9条："太阳病，欲解时，从巳至未上"，即"巳午未"。意思是根据年、月、日的"同象原理"，在日为9至15时（即正午十二时前后时辰）；在月为农历十三至十七日（即十五月圆前后五日）；在年为农历四五六月。

第193条："阳明病，欲解时，从申至戌上"，即"申酉戌"。意思是在日为15至21时；在月为农历十八至二十二日（下弦月）；在年为农历七八九月。

第272条："少阳病，欲解时，从寅至辰上"，即"寅卯辰"。意思是在日为3至9时；在月为农历二十三至二十七日（下弦月牙）；在年为农历正二三月。

第275条："太阴病，欲解时，从亥至丑上"，即"亥子丑"。意思是在日为21至凌晨3时；在月为农历二十八至初二（即朔日，看不见月亮）；在年为农历十至十二月。

第291条："少阴病，欲解时，从子至寅上"，即"子丑寅"。意思是在日为23至5时；在月为农历初三至初七（上弦月牙）；在年为农历十一至正月。

第328条："厥阴病，欲解时，从丑至卯上"，即"丑寅卯"。意思是在日为晨1至7时；在月为农历初八至十二日（上弦月）；在年为十二至二月。

我认为，三阳病一日或一年的欲解时在时间上不交叠；而三阴病的欲解时在时间上互相交叠。这说明：

第1、在人体阴阳对称、平衡、和谐、统一的关系中，阳占主导地位，"阳生阴长，阳杀阴藏"；

第2、地球公转一年下来，给地球人白天的时间比夜晚长；

第3、三阴三阳经病以外，脏腑之病，三阳病在六腑，三阴病在五脏和心包。还可以从另一个角度分析三阴病的欲解时在时间上的互相交叠：人体十二经脉运行顺序如下：子时足少阳胆经→丑时足厥阴肝经→寅时手太阴肺经→卯时手阳明大肠经→辰时足阳明胃经→巳时足太阴脾经→午时手少阴心经→未时手太阳小肠经→申时足太阳膀胱经→酉时足少阴肾经→戌时手厥阴心包经→亥时手少阳三焦经再接足少阳胆经。

肝与胆、肺与大肠、脾与胃、心与小肠、肾与膀胱、心包与三焦都是阴阳互为"里"与"表"的关系，从经络运行顺序明显可以看出三阴之间是足厥阴→手太阴、足太阴→手少阴、足少阴→手厥阴，如此这般，三阴病欲解时的时间交叠也就更好理解了。

但在一月时间区域内，其三阴三阳的欲解时基本上是相等的，这是我个人的理解，因为月圆之时，为阴中之阳。

以植物来参照说明，例如一棵树，与其它树一样，在春夏长势很好，就是身体很健康，忽然有人不爱护树木，把树枝折断了一大截，于是这棵树的长势受到影响，落了一些树叶，显得比不上同伴们的身体健康了。但是到了秋冬，该养藏之时，这棵树就会和其它树差不多了，即其"病"在"欲解时"自行缓解了，即没有"未病"之人得病，其"欲解时"与"欲剧时"基本一致的；如果这棵树在春夏长得不好，比如一开春有害虫，树生虫得病了，长势很不好，到了秋冬，该"养藏"的时候，对于其它树来说正是养藏之时，而对这棵病树来说无所可藏，雪上加霜，就会使"病"加重，甚至有可能在来年春天再也发不出芽来。

有"未病"在身而得病之人，其"欲解时"与"欲剧时"在时间序列上是相对的。也就是说从正常生理角度而言，"欲解时"与"欲剧时"在时间序列上是基本一致的；从非正常病理角度而言，"欲解时"与"欲剧时"在时间序列上是相对的。

还是那句话，"谨候其时"，以生理言：欲解欲剧时段同，正气复则欲解，邪气盛则欲剧；从病理论：欲解欲剧时相对，气运助则欲解，本气弱则欲剧。

举医案为例。我在田家辈份高，很多小一辈比我年龄大。2008 年，我的大外甥媳妇 72 岁，得了胆结石，3 月春天住院切除胆结盟石后，视力变差(其中有三次下病危通知书的惊心动魄经历，在下面相关的章节里再详细解说)。我认为是其在胆切除手术后，胆这一清净之腑受到重创，胆经不降；而大剂量抗生素产生了伤肾又伤肝的副作用，"素喜条达"的肝经被郁，目为肝窍，则视力必然受到影响。厥阴病"欲解时"为"丑寅卯"，此时反而成了"欲剧时"了，说明从正常生理角度而言，其欲解时与欲剧时是一致的。当时若能以小柴胡汤加减以和解少阳，当对康复有利。

9 月初，外甥媳视力有所恢复与好转，是时已近白露节气，立秋以后，秋天万木开始养藏，"天人相应"，人体的肝木与自然同步，原在春天被郁肝木随着季节变化而得到缓解，肝气郁得解，作为肝窍的眼睛视力也必然有所恢复。此时应是厥阴病的"欲剧时"反而成了"欲解时"，亦说明其基本一致。

10月的时候外甥问我："如果明年3月春天用药，可用什么方子？"我就给他这个方子：柴胡10克、黄芩8克、赤白芍各5克、陈皮15克、枳实10克、党参15克、炙甘草10克，加3生姜片，大枣8枚。我建议他在大寒至惊蛰节气期间，如果外甥媳的视力不见好转的话可以服用。第二年外甥告诉我，外甥媳按时服用了我开的这个方子，视力好转。

2009年9月，我四姐的女儿从乡里给在郑州的我打电话，说她母亲眼睛忽然看不清东西了！我对我的这位老姐姐非常了解，她当年已七十八岁，但身体很硬朗，各样农活依然能干。那一年清明节我回乡里扫墓时，就发现四姐有肝郁证状，建议她去济春堂开几副中药吃，她不以为然。于是我给上述这位留有我的方子的外甥去电，让他把上一年9月我开给他媳妇的那张方子，捡三副交给他四姨服用。他第二天就把药送去了，过了三天，四姐在电话中告诉我："药吃了一副，早晨起来眼睛特别清亮，我是一副药煎四次，吃了四次"。不过，外甥女告诉我："三副药已经吃完了，早晨起来我妈说让她绣花都可以，但是一到下午晚上就又看东西模糊了"。我就告诉她再吃三副。

厥阴病欲解时为丑寅卯（农历十二至二月），其欲剧时为未申酉（农历六七八月）。我四姐因肝郁而影响视力正是在"欲剧时"发病，因其原已有"未病"在身的缘故；服药后早晨清亮，晚上视力又变差，亦与日周期的"欲解时"和"欲剧时"基本相符合，说明从非正常病理角度而言"欲解时"与"欲剧时"在时间序列上是相对的。再吃了三副以后，四姐可以看清东西，只是下午还是不能像早晨起来一样可以绣花。

今天的中医医家以生理和病理论"欲解欲剧时"，各有不同角度。郝万山老师讲《伤寒论》，论及"欲解时"与"欲剧时"是站在正常生理角度，即一个健康人忽然得病，"欲解时"往往就是"欲剧时"；刘力红老师在《思考中医》中论及"欲解时"与"欲剧时"，是在给一个病人治病过程中，欲解时证状往往会有所好转，而欲剧时往往会加重，是站在病理角度而言的。所以我认为二位讲的都对，只是所站的角度不同。

悟得这方面的道理后，我常常不能原谅自己，我的岳母何素珍，长年帮助我照顾我的家庭，1985 年经西医诊断患胃癌，到 1986 年仙逝，期间曾恢复过一段时间。那时我尚未开始系统研读医书收集医案，遑论懂得五运六气有欲解时的道理，当时若懂得其中道理，按"年月日同象"原理，以一月和每一天的观察来参照，或可"僅候其时，气可与期"，当有治愈我岳母的可能。如今悔之晚矣！我曾在一首诗中写道：

慈严常比阳光暖，白发勇胜浩劫寒。

寸草难报三春辉，长夜愧悔五更天。

五运六气理论，可"上以疗君亲之疾，下以救贫贱之厄，中以保身长全，以养其身"。这是来自医圣张仲景的忠告。

2.7. 人体小宇宙

《黄帝内经》将"宇宙的形成、物质的结构和生命的起源"这三大课题，纳入一部巨著，以"涨、宇、宏、微、渺五观物理"，一统生命。

2.7.1 三大命题与《黄帝内经》

自有人类历史以来，有三个永恒的课题引领着精英们探索与研究，也为全人类所关心和注目。这三个永恒的课题是：

（1）宇宙的形成；

（2）生命的起源；

（3）物质的组成。

以我的读书经验，在全世界浩如烟海的各种各样著作中，能将此三个课题放在一本书里论述的，了了无几，而我们的《黄帝内经》正是其中的一个。

钱学森教授把物理学研究分为：

（1）"宏观"物理学：即牛顿经典力学，适用于地球这一"宏观"领域；

（2）"宇观"物理学：探索太阳系，用爱因斯坦的相对论，是为"宇观"物理学；

（3）"涨观"物理学：探索大宇宙，就要用正处于热门课题的"涨观"，例如宇宙大爆炸理论；

（4）原子物理学属"微观物理学"；

（5）量子场论而后属"渺观物理学"。

《黄帝内经》，则从"涨观物理学"到"渺观物理学"，在人体生命学这一领域中将之统一起来了。

如前所述，《黄帝内经》是黄帝与岐伯等先圣们的"读书会成果结集"，读的书是今天已经失传的《太始天元册》。从先圣们的读书心得来看，《太始天元册》讲宇宙、讲天文、讲气候、讲历法，本书前面引用的那一段描述，"太虚寥廓，肇基化元，万物资始，五运终天"是说宇宙形成生命之初，后面岐伯所说的是宇宙背景辐射图。

《黄帝内经·素问·五运行大论》中记载："地之为下否乎？岐伯曰：地为人之下，太虚之中者也。帝曰：冯乎？岐伯曰：大气举之也。"黄帝问"冯乎？"意思是"人之下为地，那地依靠什么而立呢？古"冯"字是通假字，通"凭"，是"依靠"的意思。岐伯答"大地处于'太虚'之中，是由'大气举之'的"，即整个大地处于大气之中。

从《太始天元册》可知，中华民族的古圣先贤在五千多年前就肯定了我们足下的大地处于"太虚之中"，由"大气举之"。再从所立测日影的"日晷"随着南北观测地点的不同而具有不同的角度，或许古圣先贤那时已经知道地球是圆的了。

近年来，我尝试阅读当今世界最伟大的物理学家之一霍金的名著《时间简史》，从霍金的中国助手吴忠超的中译本来看，我强烈地感觉到霍金的思想与我们中华传统文化有共通之处，那就是宇宙观。1984年，霍金给出了一个宇宙的波函数，然后经过计算得出宇宙"创生于无"的理论体系，结论是"宇宙的初始条件由宇宙自己来决定，宇宙的边界条件是没有边界"。在人类思想史中，第一个明确提出宇宙"创生于无"的，是中国先秦时代的思想家老子，老子的那句名人名言在中国众所周知："天下万物生于有，有生于无"，"道生一，一生二，二生三，三生万物。万物负阴而抱阳，中气以为和"。

21世纪最具突破意义的宇宙创生理论，与2500多年前中国思想家"有生于无"的思想，在宇宙观方面跨越时空交相呼应。

至于传统中医理论与《时间简史》的奇妙连接，我尝试用从微观夸克层面来解读"三生万物"

我们知道，物质由分子组成，分子由原子组成，原子由原子核和电子组成，原子核由质子和中子组成，再往下分，到了"夸克"以后，看不见了，"夸克"这一物质，居"微观"领域，而夸克之后就居"渺观"领域了。

对"夸克"这种物质形态的命名，来自一种名叫"夸克"的鸟，在古代神话故事中，"叫三声夸克"，太阳就落入西方地平线下面，看不见了。

其中上夸克又称u夸克，其电荷数为*2/3*；下夸克又称d夸克，其电荷数为*-1/3*；奇艺夸克又称S夸克，其电荷数也为$-1/3$。

中子由两个 d 夸克和一个 u 夸克组成，则中子电荷为：
$2d+u=2×(-1/3)+2/3=0.$

质子由两个 u 夸克和一个 d 夸克组成，则质子电荷为：
$2u+d=2×2/3+(-1/3)=1.$

电子由三个 d 夸克组成，则电子电荷为：
$3d=3×(-1/3)=-1.$

3 种夸克，组成质子、中子和电子，这三种基本粒子组成了一百多种元素，而一百多种元素组成了我们地球的大千世界，包括人类生命。"三生万物"结论，我们的祖先是如何发现的？"现实中没有随机性这种东西"！

《黄帝内经》论述了五色、五味，五方、五谷、五畜、五果、五臭、五音、五志等等，指出"天食人以五气，地食人以五味"，及"真气者，受之于天，与谷气并而充身也"等等。与现代物理学联系思考，无处不巧合。

比如"夸克"，与强核力相互作用的夸克有红、绿、蓝三色，这三种颜色相合，便出现第四种颜色白色。中医理论有"五色"之说，即"心在色为赤；肝在色为青；肺在色为白；脾在色为黄；肾在色为黑"。上面夸克所具有的作用色，红等于赤；绿等于青；蓝等于黑，三色混合为白，缺少了"黄色"，而黄为脾土之色，脾土主运化而不主时，即色之间的运化靠"黄"，则"黄"居其它四色之中，顺理成章。

曾获诺贝尔物理学奖的美国犹太籍物理学家盖尔曼在其《夸克与美洲豹》一书中，将夸克称为地球上所有物质最基本的基石，他的同事普洛特金博士评价这本书是"把那些看起来似乎完全不相关的东西，如黑猩猩的行为，雪崩力学、超弦理论及莎士比亚等等，都编入到一个迷人的故事当中"。

在宏观世界中，人类和所有的动植物及山川景物都统一在"神"即"宇宙全息物质能量场"中，微观世界中也一样，人体就是一个小宇宙。正如《夸克与美洲豹》中所写："夸克有一个非同寻常的性质，它永远被囚禁在'白色'粒子（如中子和质子）之中，只有'白色'的粒子可以在实验室里直接观测到。可观测到的粒子的颜色在混合时消失了，只有在这些白色粒子内，才能存在有色物体。正如可观测物体的电荷总是一个整数(如 0，1，-1 或 2 等)一样，带分数电荷的粒子只能存在于白色粒子内部。"我们的肺金所吸纳的"五气"之所以好用，是因其中存在"带分数电荷的粒子"，这真是奇妙极了。

我们日常的各种饮、食，经过脾土之炁的运化和胃肠道的消化，除掉糟粕外，所有的营养物质，也要先化成"炁"，"清气升，浊气降"，进而参与到人体的新陈代谢中来。

我们经络里运行的真气、元气是"炁态物"，是解剖学所无法看得到的，现代科学发展到今天，科学家在宇宙暗物质和暗能量领域已经取得惊人的研究进展，现代医学应该与其尽快同步起来。"真气者，受之于天"但要"与谷气并"而后才能"充身"，进而为人体新陈代谢所利用。因此中医把"脾胃"称为"后天之本"。处方开药都要照顾"胃气"。一旦人的胃气没了，不能吃喝了，"受之于天"的真气也就无福受用了。我们知道，有人练功达到"辟谷"的境界，就可以不吃饭了，但饮水是不可少的。饮水的目的就是引发胃气，以受用真气。

2.7.2. 五观物理一统生命

"人体为一小宇宙"！说这句话的是清代乾隆皇帝的御医黄元御。

上个世纪 80 年代，我开始读中医经典的时候，是从后人解读《黄帝内经》的书开始读起的，黄元御的《四圣心源》便是我读了又读的一本，读得欲罢不能，就去图书馆看《黄帝内经》的各种版本过眼瘾。改革开放后，出版事业飞速发展，《黄帝内经》系列的《灵枢》《素问》都有了很全的版本。从解读《黄帝内经》的经典，再回过头去读《灵枢》《素问》，就好像有老师在侧，学习医学经典自然少走了很多弯路。

从解读内经的书，到读内经，再读《伤寒论》《温病》等等典籍，我越发加深了早期读黄元御《四圣心源》的体会：以取象比类的中医思维方式，将人体视为一个周而复始、生生不息循环的小宇宙，如此这般将复杂的中医理论说得明明白白。

人体中，碳、氢、氧、氮四种元素占 96%，加上磷、钙、钾、纳、氯、镁这六种少量元素，共占 99%。锰、铁、锌、钴、钼、碘、铬、硒、钒、锡等微量元素仅占 1%，但是上千种酶，有三分之一要靠这些微量元素的协作而发挥作用。这一点，与宇宙元素丰富度有相似之处。

宇宙有多大？我们银河系有 2000 多亿颗恒星，太阳是其中之一；银河系直径约 10 万光年，太阳系距银心约 2.7 万光年；银河系中心厚度约 6000 多光年，地球平均半径 6371 千米，日地距离 1.5 亿千米。

我们人体这个小宇宙呢？据《基因密码》，"简称为 DNA 的脱氧核糖核酸是一种大分子，仅仅由碳、磷、氮、氢、氧这五种元素构成。"注意，这里又出现了 5 这个数字！"所有生物的每一个细胞内，都含有带着某种已绵延达 40 亿年之久的 DNA 译本，DNA 掌管着我们体内每一个细胞的运作。"

一个氢原子，若将其原子核扩大至 10 厘米，则原子核与电子之间的距离为 1 千米。如果将太阳和地球之间的距离缩小 1 亿倍，则日地距离为 1.5 千米，地球平均直径为 12.7 厘米多一点。太阳和各大行星之间的距离，和一个原子核与核外电子之间的距离。这样的比对，足够让我们取象比类，设想一个太阳就是一个原子。

我们人体内一个细胞里就 10 亿个原子，200 个细胞就比得上银河系了。我们人体有多少个细胞？肯定是天文数字，先圣们把人体视为"小宇宙"真是最恰当的比喻。更形象的是，银河系有猎户、天鹅、人马、英仙四大星座，像四条悬臂，两条长一些，两条短一些，就如同人有四肢，两上肢纤细，两下肢粗壮。

以我的读书经验，读中医经典，如果能够与世界科普经典同时阅读，可以中和文言文的工整严肃，使阅读体验更有趣。经典科普书，我认为，比上文提到的《时间简史》、《夸克与美洲豹》更为经典的还有两本，一本是《从一到无穷大》，另一本是《物理世界奇遇记》，两本都是美国核物理学家、宇宙学家乔治·伽莫夫写的。

伽莫夫在所署《从一到无穷大》一书中提出，宇宙总原子数为 3×10^{74} 个。许多天文观测事实证明：宇宙现在仍然在膨胀，"红移"现象就是实证之一。照此计算，宇宙的质量比实际观测预计的质量要大得多。那么这些我们无法观测到的比实际质量大得多的"质量"（物质）是什么？

太阳系内总质量的99%以上属太阳，八大行星和其它小行星及其卫星质量的总和仅占太阳系总质量的1%不足。在我们银河系内，银河系的总质量是太阳的一万亿倍，这一总质量10倍于银河系内全部恒星质量的总和，同样有近90%的物质和能量，用现有的科技手段，我们观测不到。宇宙天文物理学家们，根据上述事实，证明宇宙间存在90%的暗物质和暗能量。

而我们人体细胞的空间足以容纳 10^{14} 个原子。细胞内最大的分子，也不过是由10亿个原子所组成。10亿是 10^9，而其可容纳的原子个数是 10^{14}，空间大出了10万倍，这里其实不空，同大宇宙一样，这就是暗物质、暗能量和信息的天下。

地球内部同样也充满了暗物质和暗能量，而暗物质和暗能量里饱含着信息。天地人之间随时随地、每时每刻都在利用暗物质、暗能量进行着信息密码的交流与沟通。正如钱学森教授所讲："人体是一个开放而又复杂的超巨系统"，与宇宙这一超巨系统是同步运行的。

2.8. 五脏对"饮食五味"的选择

2.8.1 绝不能统取五行相生之义

《黄帝内经·素问·阴阳应象大论》指出："南方生热，热生火，火生苦，苦生心"。前面已讲道"心火"有"君、相"之分，"君火以明，相火以位"，是因为火有"光"和"热"两个方面，君火主光明，相火布热能。

《黄帝内经·素问·灵兰秘典论》指出，心"主明则下安，以此养生则寿，殁世不殆，以为天下则大昌。主不明则十二官危，使道闭塞而不通，形乃大伤，以此养生则殃，以为天下者，其宗大危，戒之戒之"。可见作为"君主之官"的心，越光明越好，可以断言：君火没有光明太过之病。"心包络"作为"心之宫城"的"臣使之官"，秉君火之光明而布施相火之热能，并代心受邪，故相火有"不及"或"太过"之病。

《黄帝内经·素问·六节藏象论》指出："肾者，主蛰，封藏之本，精之处也"，"肾乃先天之本"。李可先生主校，民国大医学家彭子益先生在其所著《圆运动的古中医学》中论述了"肾水没有封藏太过之病，肾水愈能封藏，阳根愈固也"。肾只有封藏不及之病。同时也指出"脾土没有运化太过之病"，运化越好，则后天之本固也，但"脾土有填实之病，土气填实，则不能运化也"。

肾水、心火、脾土有上述之特殊性，所以在读《黄帝内经》时就要处处留心，细心体味。

《黄帝内经·素问·脏气法时论》指出，肝色青，宜食甘，粳米牛肉枣葵皆甘。心色赤，宜食酸，小豆犬肉李韭皆酸。肺色白，宜食苦，麦羊肉杏薤皆苦。脾色黄，宜食咸，大豆豕肉栗藿皆咸。肾色黑，宜食辛，黄黍鸡肉桃葱皆辛。辛散，酸收、甘缓、苦坚、咸软。这一段对五脏宜食食物品种的论述，就充分说明了肾水、心火和脾土的特殊性。

这一段中的"心"是作为"君主之官"的心，君火越光明越好，因木生火，即酸生苦，所以心宜食酸，而且"心苦缓"也要"急食酸以收之"；

肾无封藏太过之病，越封藏固密越好，所以"肾宜食辛"，金生水也，而且"肾苦燥"，也要"急食辛以润之"。心与肾的食疗，都是取五味配属五行的相生之义。

前面论述只有用"5"这唯一的循环往复数，才能保证生命体的新陈代谢循环往复，如环无端。从这一点论，五行是"平等"的。前面也讲了"心的特殊性不等于其有特殊地位"，其实从五脏六腑五运行论，都有特殊性的一面，应加以区分。

2.8.2. 心火肾水乐交泰，宜食生己之物

心肾相交就是"易"的"既济卦"象，其"体"是心火居上而肾水居下的"未济卦"象，而其"用"则是坎水居上而离火居下的"既济卦"象。这就如同"泰卦"与"否卦"的关系一样，天本在上，地本在下，若卦象为乾上坤下，则为"否"，大不吉也大不利，因为天永远居上而不达下，地

永远居下而不达上，乾坤不交，则无以生万物；反之，天气主动下降，地气主动上升，坤上乾下，则为"泰卦"，天处地位为地想，地处天位为天想，比之为夫妻之间，夫为妻着想，妻为夫着想，家庭必然和谐，否则，男的大丈夫主义，高高在上，不管妻子的事，妻子也不管丈夫的事，则必不能为其家。所以心肾二脏的食物选择要取五行相生之义，相生则康泰。

2.8.3. 脾土食咸合水德，但有恶湿用苦补

"脾宜食咸"，咸属水，脾属土，土克水。健康的人体"水土合德"，脾之运化功能离不开水，而有水之脾土没有运化太过之病，故食其所胜，"宜食咸"。自然界也是湿土滋生万物，干土则寸草不生。但土能克水，相克以制其有余，这就是所谓"脾苦湿"，土中之水不能太过，"脾苦湿，急食苦以燥之"，苦属火，火能生土，这就又回到五行相生之义上来了。

2.8.4. 肝木食甘根土中，但有苦急也用甘

"肝宜食甘"，甘属土，肝属木，木克土。健康的人体，肝木疏泄条达，藏血舍魂，疏泄不及或太过都是病态。自然界无土之木不可生，取类比象，故"肝宜食甘"，这些都与脾类同。但是"肝苦急，急食甘以缓之"，以己之所胜来"缓急"，与以上心、肾、脾三脏取五行相生之义大不相同，这其中的原因就在于肝功能之病有不及和太过两个方面：恐肝

木不及，取其母味而食咸，则母壮肥子；恐肝木太过；取其子味苦，则子旺苦母；佐以己之所胜甘味生金而制约太过，以金生水壮其母而防不足，当是正确选择。

2.8.5. 肺金食苦为制约，但苦上急也用苦

"肺宜食苦"反而取的是"火克金"之义，而且"肺苦气上逆"还要"急食苦以泄之"，何以对肺脏总是要加以制约呢？因"肺者，气之本"，气具轻轻上浮之本性，但肺金应主降，一但气上逆，则咳喘诸病生。"苦坚"即坚金以降也。

综上所述，五脏对五味的选择绝不能统取五行相生之义，因先天造化之功，非人自为耳，人与大自然实为统一体。自然之水的现状如何？为什么我们要提倡"节约用水"？心火就是人体之能量，看大自然中的能源如何？我们不是也同样要提倡"节约能源"吗？这中间也有区别，正如同肾为先天之本一样，水资源较之能源又更紧迫一层，因为能源还有太阳能可供开发利用，而太阳能在太阳的生命周期内是取之不尽的，纵然你不去开发利用太阳能，也不可能为太阳节能，太阳照常要发出光和热。但开发海底石油和海底干冰（即固体甲烷），那是动用地球的"先天之本"了，比之于人体就是肾中封藏之阳，"坎卦"之中爻（阳爻），就是人的先天元阳，徐徐图之，因此，将心肾比之于能源与水，是有特殊性的。

《黄帝内经》对五脏食物性味选择的这段文字，我编了

一首方便学习理解的歌诀：

> 肝食甘，粳米牛肉枣葵甘；
>
> 心食酸，李韭小豆狗肉酸；
>
> 肺食苦，麦薤羊肉杏仁苦；
>
> 脾食咸，粟藿大豆猪肉咸；
>
> 肾食辛，黄黍鸡肉桃葱辛；
>
> 总而言，生泰克金土木反。

最后一句"生泰"指的是"心肾"宜食生己之物，比之于地球的能源与水资源，都是要能再生为好；"克金"指"肺"宜食克己之品，比之于地球的岩石圈，不能让其全部作为火山爆发，必需要保持其沉降之性；"土木反"指"肝木脾土"与"肺金"食克己之品的特殊性相反，宜食己之所克之味，即大自然中的土要有适量的水与之合德，才能长出庄稼；大自然的植物要植根于土中，才能生长发育，开花结果。

2.9. 诊脉法四时，辩证当九思

小时候常听家严向病人讲脉，首要的第一条是"推天时"，随着二十四节气的变化而变化，顺天时者无病，逆之则病；二是"察突变"，什么代脉、动指脉、数、虚、浮、沉、紧、迟、扎、涩、滑、缓、五十动等等；三是"思偏盛"，某一藏脉偏强或弱；四是"辩生克"，即五行之间的生克关系；五是"审胃气"，要参诊跌阳脉；六是"明表里"；七是"知虚实"；八是"测寒热"；最后在阴阳上下结论，九就是"定阴阳"。

家严生前为人诊病之所，外祖在门额上书"九思堂"三个大字，就是缘于脉诊的九思。

后来读《黄帝内经》，我才明白了家严诊脉如此强调九思的道理。要知道内脏的情况，可以从脉象上区别出来；要知道外部经气的情况，可以经脉循行的经络上诊察而知其终始。"四变之动，脉与之上下，以春应中规，夏应中矩，秋应中衡，冬应中权"。"持脉有道，虚静以保。春日浮，如鱼之游在波；夏日在肤，泛泛乎万物有余；秋日下肤，蛰虫将去；冬日在骨，蛰虫周密，君子居室"。春天的脉应该是浮而在外的，好象鱼浮游于水波之中；夏天的脉在肤上，洪大而浮，泛泛然充满于指下，就象夏天万物生长的茂盛状态；秋天的脉处于皮肤之下，就象蛰虫将要伏藏起来一样；冬天的脉则沉在骨下，就象冬眠之虫闭藏不出，人们也都深居简出一样。

我上小学时，医者是要到病人家出诊的，无论是严冬还是酷暑，白天还是黑夜，刮风下雨或月黑路远，只要有人请诊，必即时前往。有时大雪天出诊到半夜才回家睡下，被子还没有暖热，又有人喊门求诊，母亲答"不在家"，父亲也会立即连声答"在家在家!"。今日回想起来，情景如昨。

家严出诊时常常带上我同往，我知道父亲到病人家后，总要先坐一会儿，而不急于诊脉。因为诊脉是有一定方法和要求的，必须虚心静气，才能保证诊断的正确。有一次，病家急于就诊，我在旁看着也急，就催父亲，他回答我说："要诊脉，医生先要调息，就是平和自己的呼吸气息。刚才走路太急，自己的气息未调，怎么能为病人看脉？"这就是《黄帝内经》讲的"持脉有道，虚静以保"。

2010年4月初，我给85岁的三姐诊脉，发现是"春显冬脉"不正常，阳气跟不上了，到了夏天会变生不测。三姐自述走不动路，我就跟外甥讲，我写个方子，先吃三剂，而后将方中的牛膝改为葛根再吃三剂。此方如下：威灵仙15克以祛风寒湿、牛膝、益母草各12克以活血通经、杜仲、仙灵脾、菟丝子、补骨脂、胡桃肉各9克以鼓舞肾气。服三剂后，三姐走路有劲了，以为自己好了，就没听我的话，改牛膝为葛根的后三剂药，三姐没有再继续服用，结果立夏后突发脑血栓，不醒人事。

这件事也说明了"脉法四时"有多么重要。

2010年初秋，因老姐姐逝世，我心里难受，肝气郁结，又逢秋金之气，引发心脏动悸，又有原诊所谓"室性早搏"的症状，我没有再用桂枝去芍药加附子汤，而是用柴胡9克、黄芩12克、赤芍9克、白芍6克、陈皮9克、枳实6克、焦山楂和生山楂各12克以舒肝利胆，和血行气健脾，土木相得，以木生火的思路，服两剂后便宜得心安。

中医治病要本四时啊！

有一次，我到所住小区门口药店买药，那家名叫仟喜堂的药店经理韩经理说她近来睡不好，经常头发晕，心慌，怀疑是不是心脏有病了，让我给她看看脉。一般来讲，我是非至亲诤友不言诊的，但那一次我破例没有推托。我观其舌胎薄白，尖红；号其脉与秋令参，显得力弱，左三部强于右三部，唯左关明显。我告诉她："你前一段时间遭遇了不开心的事，到了秋天，肝气显得不应时，有些偏盛。"她沉默了好久，才低声说她父亲逝世了。我建议她服用的方子，就是上面我本人用的那八味药，去掉两味山楂，加太子参、合欢皮、夜交藤、菟丝子、肉苁蓉和女贞子各9克。几天后我又见到她，她说我的方子很不错，觉睡得安稳了。她对我说："中医看病能与时令联系起来，真不错!"

我发现，很多药店的坐堂中医是这样的:如果患者问他脉诊诊出了哪些方面的问题，总是回答说："我是指下难明，心中了了。"这是一句民间中医常用语，意思是："手指下的脉象难以说明，但我心中了然明白。"家严生前从不这样说，他所主张的"九思"都是实实在在的，脉象是为临床服务的，中医就是临床医学，不能把脉象搞得那么神乎其神。

2.10. 药性贵知理，处方贵有神

2.10.1. 《黄帝内经》药性五味应用原则

前面讲到，《黄帝内经》的阴阳五行、运气学等学说，是从人与自然的宇宙整体观上来论述医学的，基本上构建了中医的整个体系，理论内涵非常丰富。有一次社区请我给邻里们讲讲《黄帝内经》，我说从哪里讲起比较好呢？那位社区的同志说，既然《黄帝内经》是医书，肯定记载了很多处方，你就挑几个给大家讲讲，让大家都会用里面的方子。

这位热心的社区同志显然对《黄帝内经》缺乏了解。在

处方上，《黄帝内经》只给出了十三个方子，另一本经典《伤寒论》也只给出了112个方子。《黄帝内经》给出的，是组方用药的原则，《伤寒论》则是作出了处方原则的示范。

历汉晋，经唐宋，到金元，至明清，处方数已达千上万。据2007年中医古籍出版社出版的《中医战略》书中披露，来自中国科学技术信息研究所的统计，中医各门类记载的处方数达30余万方。

二十世纪30年代，香港人陈存仁先生主编的日本汉方医学经典著作汇编《皇汉医学丛书》，其中记载有医戒云："医有上工下工，对病欲愈，执方欲加者为之下工；临证察机，使药要和者为上工。夫察机要和者，似迂而反捷，此贤者之所得，愚者之所失也。"这句话实则有所针对，后世中医方剂越来越多，也从一个侧面反映了后世人越来越将关注的重点，放在所谓的"中医秘方"上。

读张仲景的《伤寒论》，是要学习其对《黄帝内经》的理解及其临证运用理论的原则和方法，"观其脉证，知犯何逆，随证治之"具有普适性的指导意义。死记硬背所谓的"秘方"，实则违反了仲景的本旨，束缚了为医治学的思路，制约了中医临床用药的辨症施治。

关于中医的处方原则，清代名医徐灵胎在其经典著作《医学源流论》中曾经这样写道："**处方如布阵：选君体用明；任臣分忠诤；佐药有反正；使药贵和合；用药如用兵。**"臣药一般是与君药辅助合同的，但必要的时候，也要有补其不足的"诤臣"；佐药有正佐与反佐，正壮君威，反防君误；

使药就贵在和合，引方发力，直达病所。我认为，读经方和验方时，一般都要作这样的分析，才能消化吸收，明白其中的道理。

要了解中药的分类，就必须对每一味药的个性进行全面的学习，特别是每一味药的药性、归经、气味、时态、炮制等要重点牢记，以便在"调兵遣将"之时，对所布的方阵"克敌制胜"，即对疗效有确实的把握。需要特别说明的是，中药品种繁多，要全面掌握药理，最好是到每一味药的产地进行实地考查。

为方便处方之用，本人将《黄帝内经》药性五味应用原则列出一表，如下：

《黄帝内经》药性五味应用原则

条件	六气状态	治以	佐以	缓之	散之	收之	发之	燥之	泄之	下之	泻之	润之	坚之	附言
诸气在泉	风淫于内	辛凉	苦甘	甘	辛									
	热淫于内	咸寒	甘苦			酸	苦							
	湿淫于内	苦热	酸淡					苦	淡					
	火淫于内	咸冷	苦辛			酸	苦							
	燥淫于内	苦温	甘辛							苦				
	寒淫于内	甘热	苦辛								咸	辛	苦	
司天之气	风淫所胜	辛凉	苦甘	甘							酸			
	热淫所胜	咸寒	苦甘			酸								
	湿淫所胜	苦热	酸辛					苦	淡					
	湿上胜而热	苦温	甘辛											以汗止
	火淫所胜	咸冷	苦甘			酸	苦							酸复之
	燥淫所胜	苦温	酸辛							苦				
	寒淫所胜	辛热	甘苦								咸			
邪气反胜	风司地清反胜	酸温	苦甘											辛平之
	热司地寒反胜	甘热	苦辛											咸平之
	湿司地热反胜	苦冷	咸甘											苦平之
	火司地寒反胜	甘热	苦辛											咸平之
	燥司地热反胜	平寒	苦甘											酸平和
	寒司地热反胜	咸冷	甘辛											苦平之
司天邪胜	风化天清反胜	酸温	甘苦											
	热化天寒反胜	甘温	苦酸辛											
	湿化天热反胜	苦寒	苦酸											
	火化天寒反胜	甘热	苦辛											
	燥化天热反胜	辛寒	苦甘											
	寒化天热反胜	咸冷	苦辛											
六气相胜	厥阴之胜	甘清	苦辛					酸						
	少阴之胜	辛寒	苦咸								甘			
	太阴之胜	咸热	辛甘								苦			
	少阳之胜	辛寒	甘咸								甘			
	阳明之胜	酸温	辛甘								苦			
	太阳之胜	苦热	辛酸								咸			
六气之复	厥阴之复	酸寒	甘辛	甘							酸			
	少阴之复	咸寒	苦辛			酸	辛苦				甘			咸软之
	太阴之复	苦热	酸辛					苦	苦		苦			咸软之
	少阳之复	咸冷	苦辛			酸	辛苦							
	阳明之复	辛温	苦甘						苦	苦				酸补之
	太阳之复	咸热	甘辛									苦		

我们该如何治疗四时之病呢？《黄帝内经·至真要大论》认为，"治诸胜复，寒者热之，热者寒之，温者清之。清者温之，散者收之，抑者散之，燥者润之，急者缓之，坚者软之，脆者坚之，衰者补之，强者泻之，各安其气。"

其后对主与客的补与泻给出的原则是：

木位之主，其泻以酸，其补以辛；火位之主，其泻以甘，其补以咸；土位之主，其泻以苦，其补以甘；金位之主，其泻以辛，其补以酸；水位之主，其泻以咸，其补以苦；

厥阴之客，以辛补之，以酸泻之，以甘缓之；少阴之客，以咸补之，以甘泻之，以酸收之；太阴之客，以甘补之，以苦泻之，以甘缓之；少阳之客，以咸补之，以甘泻之，以咸软之；阳明之客，以酸补之，以辛泻之，以苦泄之；太阳之客，以苦补之，以咸泻之，以苦坚之，以辛润之。开发腠理，致津液，通气也。

《五藏生成篇》："故心欲苦，，肺欲辛，肝欲酸，脾欲甘，肾欲咸，此五味之所合也。"

《生气通天论》："阴之所生，本在五味，心欲苦，肺欲辛，肝欲酸，脾欲甘，肾欲咸。"

《生气通天论》："阴之五宫，伤在五味：味过于酸，肝气以津，脾气乃绝；味过于咸，大骨气劳，短肌，心气抑；味过于甘，心气喘满，色黑，肾气不衡；味过于苦，胆气不濡，胃气乃厚；味过于辛，筋脉沮弛，精神乃央。"

故《五藏生成篇》又曰："多食咸，则脉凝泣而变色；多食苦，则皮槁而毛拔，多食辛，则筋急而爪枯；多食酸，则肉胝胎而唇揭；多食甘，则骨痛而发落。"

所以《脏器法时论》曰："肝苦急，急食甘以缓之(如甘草)；心苦缓，急食酸以收之(如五味子、芍药)；脾苦湿，急食苦以燥之(如白术)；肺苦气上急，急食苦以泄之(如黄芩)；肾苦燥，急食辛以润之(如生姜)。"

《脏气法时论》："毒药攻邪，五谷为养，五果为助，五畜为益，五菜为充，气味合而服之，以补精益气。"四时五脏，病随五味所宜也。"肝欲散，急食辛以散之，用辛补之，酸泻之；心欲软，急食咸以软之，用咸补之，甘泻之；脾欲缓，急食甘以缓之，用苦泻之，甘补之；肺欲收，急食酸以收之，用酸补之，辛泻之；肾欲坚，急食苦以坚之，用苦补之，咸泻之。"

《阴阳应象大论》言药之气味："辛甘发散为阳，酸苦涌泄为阴"；"酸伤筋，辛胜酸；苦伤气，咸胜苦；辛伤皮毛，苦胜辛；甘伤肉，酸胜甘；咸伤血，甘胜咸。"

《宣明五气论》讲五味所禁："辛走气，气病无多食辛；咸走血，血病无多食咸；苦走骨，骨病无多食苦；甘走肉，肉病无多食甘；酸走筋，筋病无多食酸。"

《五常政大论》："能毒者以厚药，不胜毒者用薄药。""治热以寒，温而行之；治寒以热，凉而行之；治温以清，冷而行之；治清以温，热而行之。"又曰："大毒治病，十去其六；常毒治病，十去其七；小毒治病，十去其八；无毒治病，十去其九。谷肉果菜食养尽之，无使过之伤其正也。不尽，复行如法。""化不可代，时不可违。夫经络以通，血气以从，复其不足，与众齐同，养之和之，静以待时，谨守其气，无使倾移，其形乃彰，生气以长，命曰圣王。"

《六元正纪大沦》在论六气司天之政后指出："司气以热，用热无犯；司气以寒，用寒无犯；司气以凉，用凉无犯；司气以温，用温无犯；间气同其主无犯，异其主则小犯之，是谓四畏，必谨察之。""天气反时，则可依时，及胜其主则可犯，以平为期，而不可过。"要"无失天信，无逆气宜，无翼其胜，无赞其复，是谓至治。"还有"发表不远热，攻里不远寒"。"知其要者，一言而终，不知其要者，流散无穷。"

清代名医郑钦安在《医法园通》中说："用药一道，关系生死，原不可以执方，亦不可以执药，贵在认证之有实据耳……。活法园通，理精艺熟，头头是道，随拈二三味，皆是妙法奇方"。

清代名医陈修园在《医学从众录》"自序"中说："医者学本《灵》、《素》，通天地人之理，而以保身，而以保人，本非可贱之术，缘近今专业者类非通儒，不过记问套方，希图幸中，揣合人情，以为糊口之计，是自贱也"。

以上罗列的来自内经的处方主客原则，便是"秘方中的秘方"！

2.10.2. 自编药性分类歌诀

学中医，用歌诀形式，提纲挈领地对某一方面的知识进行记忆，是一种传统的教学方法。例如陈修园著《时方歌括》、《医学三字经》、汪昂的《汤头歌诀》、不知作者姓名的《药性赋》等等，这些经典书籍至今已出版多种版本。我印象最深刻的是《药性赋》，小时候常听哥哥们读，听多了随口就能诵出。

对《黄帝内经》用药原则清楚了，若不懂药，还是不能做到"随拈二三味，皆是妙法奇方"。中药一千多味，如点点繁星，如何不眼花缭乱？以我的经验，首先应对药性进行总体分类，然后再学"个性"，加以鉴别。

我选择了其中326味常用中药，自编了《药性分类歌诀》。书于此，作为上一节的补充。

1、**发散风寒宜辛温**，麻桂紫苏姜葱辛，（麻指麻黄、桂为桂枝、辛指辛夷）荆香羌防苍耳子，白芷细辛楛藁本。（荆芥、香薷、羌活、防风、楛柳）

2、**发散风热辛凉寒**，牛蒡桑叶薄荷蝉，（牛蒡子、蝉衣）菊花升麻淡豆豉，柴胡葛根反荆蔓。（反荆蔓是为了押韵，对蔓荆子如是称）

3、**清热泻火能生津**，石膏知母栀芦根，（栀指栀子）花粉竹叶夏枯草，谷精蜜青贼决明。（天花粉、谷精草、密蒙花、青葙子、木贼）

4、**清热燥湿味苦寒**，三黄有别柏芩连，（黄柏、黄芩、黄连）秦皮苦参白藓皮，椿皮龙胆穿心莲。

5、**清热解毒四类分：**

5.1.**湿热**黛叶板兰根，连翘金银贯众生；（青黛、大青叶、金银花）

5.2.**疮痈肿痛**蒲公英，野菊败酱熊地丁，（野菊花、败酱草、

熊胆、紫花地丁）鱼腥土茯大血藤；（鱼腥草、土茯苓）

5.3. **热利**齿苋鸭胆翁；（马齿苋、鸭胆子、白头翁）

5.4. **咽证**射马山豆根。（射干、马勃）

6、**清热凉血**紫赤芍，地玄牡丹水牛角。（紫草、生地、玄参、牡丹皮）

7、**阴虚内热**有地骨，青蒿白薇银柴胡。（地骨皮）

8、**攻下**硝黄番泻芦；（芒硝、大黄、番泻叶、芦荟）

9、**缓下**麻仁郁李仁；

10. **峻下逐水**戟遂芫，商陆牵牛巴豆险。（大戟、甘遂、芫花）

11. **祛风湿，散寒阻**，独活灵仙川草乌。（威灵仙）蕲乌白花三种蛇，蚕砂木瓜筋伸舒。蕲蛇、乌梢蛇、白花蛇、伸筋草、舒筋草）

12. **祛风湿，又清热**，防己秦艽桑枝采，
臭梧雷公藤少用，豨莶络石草藤开。（豨莶草、络石藤）

13. **祛风湿，强筋骨**，狗脊五加桑寄生。（五加皮、刺五加）

14. **化湿**苍术和厚朴，藿香豆砂佩草菓。（豆蔻、砂仁、佩兰、）

15. **利水退肿**有茯苓，猪苓泽泻薏苡仁。

16. **利尿通淋**车前滑，萆薢石苇海金沙。（车前草、滑石）

17. **利湿退黄**茵陈蒿，虎杖金钱草。

18. **温里**附桂吴萸姜，小茴丁香椒良姜。（附子、肉桂、吴茱萸、干姜、蜀椒）

19. **行气**青皮枳木香，香附陈皮荔沉香，（枳实、枳壳、香附子、荔枝核）乌药佛手大腹皮，香橼薤白松檀香。（甘松）

20. **消食**神曲大麦芽，莱菔鸡内金山楂。（莱菔子）

21.**驱蛔**榧子使君子，**驱绦**槟榔南瓜子，

　　雷丸鹤虱鹤草芽，今虽少用也当知。

22.**收敛止血**有白芨，仙鹤草和炭血余。

23.**凉血止血莫妄行**，地榆槐花白茅根，

　　大蓟小蓟侧柏叶，也用槐夹苎麻根。

24.**化瘀止血**三七事，茜草蒲黄五灵脂，血竭降香花蕊石。

25.**温经止血**，炮姜艾叶。

26.**活血止痛**延胡索，芎郁姜黄乳没药。（川芎、郁金、乳香、
没药）

27.**活血调经**益母草，丹参红花鸡血藤，

　　桃仁牛膝王不留，泽兰舒和脾肝经。

28.**活血疗伤**土鳖虫，苏木马前骨碎铜。（马前子、骨碎补、
自然铜）

29.**破血消癥抗癌用**，穿山棱莪蛭虻虫。（穿山甲、三棱、莪
术、水蛭）

30.**化痰**半夏桔贝母，天胆南星禹白附，桔梗、天南星、胆
南星）竹茹白前旋覆花，白芥栝蒌昆前胡。（白芥子、栝蒌
皮、栝蒌仁、全栝蒌、昆布）

31.**止咳平喘**矮地茶，葶苈杏苏百枇杷，（葶苈子、杏仁、苏
子、百部、枇杷叶）紫苑白菓马兜铃，桑皮洋金款冬花。（桑
白皮、洋金花）

32.**宁心安神**酸枣仁，远志合欢夜交藤，

　　朱砂龙骨齿琥珀，磁石重镇柏子仁。（龙齿）

33.**平肝潜阳**石决明，牡蛎珠母赭蒺藜。（代赭石、刺蒺藜）

34. **息风止痉**寒用蚣，全蝎天麻僵蚕蛹，（蜈蚣、僵蚕、蚕蛹）
热用牛黄羚羊角，可选钩藤与地龙。

35. **开窍醒神**冰蟾蜍，苏合麝香石菖蒲。（冰片、苏合香）

36. **补气**黄芪党人参，山药白术扁豆行，（党参、人参、甘草）
草枣蜜饴西洋参，当分心肾脾胃经。

37. **补阳**鹿茸鹿角胶，沙苑仙灵脾仙茅，（沙苑子）
巴戟菟丝益智仁，苁蓉补骨冬虫草，（巴戟天、菟丝子、
肉苁蓉、补骨脂）杜仲锁阳紫河车，蛤蚧续断肉胡桃。（为
押韵，胡桃肉写为肉胡桃）

38. **补血**首乌归熟地，阿胶白芍龙眼肉。（何首乌、当归）

39. **滋养益阴**重归经：肺胃南北二沙参；（南沙参、北沙参）
黄精天冬肺脾肾；玉竹麦冬肺胃心；肝肾枸杞旱莲草，
龟鳖二甲合女贞；（枸杞子、龟甲、鳖甲、女贞子）胃肾石
斛肺心合，食黑芝蔴与桑椹。（百合）

40. **收敛止汗**麻黄根，浮小麦与糯稻根。

41. **收敛止泻**诃五倍，罂粟乌梅赤石脂，（诃子、五倍子）
肉蔻榴皮禹余粮，兼能补气五味子。

42. **固精缩带止尿药**，萸肉桑海二螵蛸，（山萸肉、桑螵蛸、
海螵蛸）金缨覆盆莲三子，食疗芡实功效高。（金缨子、覆
盆子、莲子）

43. **涌吐**瓜蒂，常山矾石。

44. **攻毒去腐治敛疮**，硫磺白矾慎砒礜，
砒石轻粉炉甘石，铅丹蛇床子雄黄。
以上共录药326味，清热解毒又分4类，故44类实分47

类。同时注意其相互间的"相需、相使、相佐、相恶、相畏、相杀"关系。最好是能到各种药的产地勘察，那样得到的才是真知。

3. 物理溯源

3.1 也说中医学派

传承"状元科学家"吴其濬在中草药植物领域实证研究的"济春堂",如今已经传到了第五代。在第五代传人中,有几位是中医学院科班出身,他们告诉我,一进学校必读的书就是《医古文》。这本中医入门书主要是教学生们怎样阅读上古的医籍文献,同时也对中医各学派学说理论作了统廓介绍。

上个世纪 80 年代我开始读中医经典的时候,还没有《医古文》这本书,我的办法是手边放一本《说文解字》,这样,所有的通假字能一网打尽。至于中医各学派学说理论,我认为倒不必细分深究。从夏商周到元明清,受制于交通不发达,不仅病人很少像今天这样千里迢迢去大医院找名医,就是名医们的行医范围其实也很有限,——当然也有李时珍那样的,但如果嘉靖听他的话不吃炼丹,他也不会辞去太医院而游方行医。——因此,名医们只能以他所处的环境、医好或没医好的病人情况,来表达他对于疾病的理解。

因此,也说中医学派的时候,我倾向于跳出学派本身来谈,不多说"是什么",多说说"为什么"以及"怎么样"。

3.1.1 中医学派产生的理论根据

《黄帝内经·素问·异法方宜论》这样写道:"黄帝问曰:'医之治病也,一病而治各不同,皆愈何也?'岐伯对曰：'地势使然也'"，接着讲了砭石、毒药、灸焫、九针、导引按蹻等分别对应东西北南中五个地域人的不同的治疗方法，继而言道："故圣人杂合以治，各得其所宜，故治所以异而病皆愈者，得病之情，知治之大体也。"

《黄帝内经·素问·至真要大论》在论述五运六气司天、在泉、主气、客气、客主胜复、五味应用原则、方剂的奇偶大小、标本等等问题之后，指出了十九病机，紧接着讲道："谨守病机，各司其属，有者求之，无者求之，盛者责之，虚者责之，必先五胜，疏其血气，令其调达，而至和平。此之谓也。"

这里讲的"五胜"，就是指运用人体阴阳五行所具有的"五行相生以补其不足，相克以制其有余"的机制，"相生则和，相克则平"。注意！这里讲的"相克"，也不是必令一胜一败的"矛盾和斗争"，而是要达到"平"，即"疏其血气，令其调达，而至和平"。

举个假设的例子：假如有这样一位病人，"逆于春气，则少阳不生，肝气内变。"肝木郁结，气不生发，胆经不降，当有口苦咽干，精神倦怠，胸闷少言，胠胁疼痛等证。对这种很常见的病症，不同医生处方不同，比如：

①善用柴胡者，直接以"舒肝利胆"来治疗，如小柴胡汤；

②一向注重培护先天之本者，就用"强肾水以生养肝木"的思路来治疗；

③一向注重培护后天之本者，就用"疏脾土利水，令水

101

土合德以解肝木郁结而利胆"的思路来治疗；

④善于补阳者，就以"壮子(火)以奉母(木)"的思路来治疗；

⑤善于清泻者，就以"泻金以护木"的思路来治疗。

总之，都是要达到"疏其血气，令其调达，而至和平"的目的，病就好了，于是便有了"柴胡"派、重"脾胃"派、"补肾重于补脾"派、"主火"派、"主泻"派等等。

根据《黄帝内经》，张仲景重视营卫气血和三焦病变，但最善长"六经辩证"；而温病学派最善长营卫气血和三焦辩证。都是"观其脉证，知犯何逆，随证治之"，以"疏其血气，令其调达，而至和平"。中医学派，或有独特的理论主张，或有突出的施治方略。

3.1.2"以和为贵"的文化共性

中华传统文化博大精深。一个有趣的现象是：凡是优秀的传统文化，比如国粹级的，都有学派之分。

先看两千多年前的诸子百家，有孔子、孟子、荀子为代表的儒家、以老庄为代表的道家、以墨子为代表的墨家、以韩非子为代表的法家、以公孙龙为代表的名家、以邹衍为代表的阴阳家、以鬼谷子为代表的纵横家、以孙子为代表的兵家，等等等等。

百家著述之丰，学问之深广博大，当今世界哪里有?唯我华夏大中华。

诸子百家的关系有文献记载可查，比如孔子曾拜老子为师，但因为他们站的角度不同，所以会有不同的见解与策略，目的都是为了国富民强，让老百姓的日子过得更好一些。百家争鸣，但从不互相伤害，以"和"为贵。所谓"入则孔孟，出则老庄"，儒家和道家成为诸子百家的核心，也成为我们中华民族传统文化的精髓。从国家利益而言，以道家指导养身，全民身体健康，人人长寿，国家就平安；以儒家所具有的海纳百川的气度，崇高的理想，深切关注民生的赤子之心来处理政务，处处以民为本，则社会和谐，国泰民安。

再看自徽班进京以降的"京剧"，其流派更是如同满天明星，不可胜记。

有"四大鬚生"马（连良）派、谭（富英）派、杨（宝森）派、奚（啸伯）派；

有"四大名旦"梅（兰芳）派、荀（慧生）派、尚（小云）派、程（砚秋）派；

细分下去，"生"角的须生有：汪派-汪桂芬；孙派-孙菊仙；汪派-汪笑侬；王派-王鸿寿；刘派-刘鸿声；余派-余叔岩；言派-言菊朋；高派-高庆奎；马派-马连良；麒派-周信芳；新谭派-谭富英；杨派-杨宝森；奚派-奚啸伯；唐派-唐韵笙；"生"角的小生有：程派-程继先；姜派-姜妙香；俞派-俞振飞；叶派-叶盛兰；"生"角的武生有：李派-李春来；俞派-俞菊笙；杨派-杨小楼；盖派-盖叫天；

再看"旦"角：陈派-陈德霖；王派-王瑶卿；梅派-梅兰芳；程派-程砚秋；荀派-荀慧生；尚派-尚小云；筱

派-筱翠花；黄派-黄桂秋；张派-张君秋；老旦：龚派-龚云甫；李派-李多奎；孙派-孙甫亭；

"净"角也有：何派-何桂山；金派-金秀山；裘派-裘桂仙；金派-金少山；郝派-郝寿臣；侯派-侯喜瑞；裘派-裘盛戎；"丑"角也不例外：王派-王长林；萧派-萧长华；傅派-傅小山；叶派-叶盛章等等。

京剧各大派系之间，也有过极个别争强斗胜的事，但真正的大师之间，一直是互相促进、互相学习、互相帮助、互相借鉴、取长补短、相依为命的关系，也是以"和"为贵。

再看"中华武术"，门派、套路众多，蔚为大观。有人统计过，仅"拳术"就有 75 种，且别说按二十八般兵器来分派别了；再加上以武当、少林、峨眉、五台、崆峒各大名山宝寺所传的非凡武功了，派别多得说不清，道不完。

与武术共生的"侠文化"也以"和"为贵。武林各大派系之间的打斗，更多地是小说、武打影片所表演出来供人们消遣的。但凡真正的武林祖师，比如少林、峨眉、五台、武当、崆峒各大名山宝寺之间还是互相支援、交流、学习、关怀为多。

回到派别众多的中医，更讲究"和"为贵。

3.1.3. 中医学派的特殊性和重要性

我认为可以用一句话来概括中医学派的特殊性：不论哪个学派，必先从一，方得入门；必精其一，方知二知三知百家。

学中医的年轻人都知道，中医处方有"八法七方十剂"的总结，那么面对个体化治疗，就看医生本人的特殊本领，即专长的一面。"八法"之"汗、吐、下、温、清、补、和(解)、调(枢)"；"七方"之"大、小、缓、急、奇、偶、复"；"十剂"之"宣、通、补、泻、轻、重、涩、滑、燥、湿"皆可灵活运用，精于一而通百家，就体现了每位医生处方用药的特点，亦即个性。

本人恍惚记得家严生前曾说过"用药将病引入阳明，而后一泻了之"的话，记不清楚的原因，是不知其法。记得那时家里年年要种西瓜，父亲和大哥施肥、培土、压枝、去分叉，作田间管理时，我和仅比我小三岁的大侄儿在一旁学着做。大哥那时边劳作边读诗，**"昼出耘田夜绩麻，村庄儿女各当家，童孙未解供耕织，也傍桑阴学种瓜"**。收获西瓜的季节，允许我们吃那些熟透了的，熟得正正好的便选出来保存至秋冬，待有患者需要"一泻了之"时，即以西瓜让食，清泻所余邪热，病就全好了。

说到八法运用，我对"吐法"情有独钟。据郝万山老师说，吐法现已很少用了，但我却在自医的实践中，多次从吐法中受益。最早的一次受益在2001年，我因脑血管痉挛住院治疗，出院后仍是头痛，除不了根。一天早起刷牙时，我误将牙刷深入到嗓子里，引发呕吐，咳出来一些粘痰，鼻腔也趁机流鼻涕，眼泪也流出来了，谁知吐这么一下子，一下子感觉神清气爽。从此之后，每天早起刷牙，我都有意让牙刷深入到嗓子里引发恶心呕吐，清理咽、喉、鼻、眼，使之通畅无阻，从此头痛就全好了。

与吐法相联系，我明白了其中的道理。其一是有助于疏通经络：手太阴肺经"起于中焦，下络大肠，向上属肺，沿气管、喉咙部，横出腋下"；足太阴脾经"会中府，连舌根"；足少阴肾经"沿喉咙，至舌根，连舌本"；足厥阴肝经"沿气管之后，向上入鼻咽部，连接目系"；足太阳膀胱经之睛明穴在目内眦外、足阳明胃经之承泣穴在目下、足少阳胆经之童子髎穴在目锐眦外；其二是中医将水液代谢不正常的产物统称为痰，痰阻于脑则成栓塞；阻于皮下则为痰核；阻于经络则不通，不通则痛。刷牙引吐就有祛痰作用，我开始时甚至吐出过很硬的痰块，有纽扣那么大，黄色，比橡皮还硬。

3.2. 是"医法百家"还是"百家法医"

读翟双庆、王长宇二位同志编著的《王洪图内经临证发挥》一书（以下简称《内经临证》），让我受益匪浅，感觉实在是一本以内经指导中医临床的好书。

书中所记载的医案，以中医理论辩证施治，有的用药物疗法，也有用气功、导引等法治愈多年固疾的。王洪图教授早已仙逝，他生前曾在网络远程教育课堂上讲授《黄帝内经》，我在网上听过他的课，但是，王教授关于中医与诸子百家关系方面的论述，说实话，我当时就是不赞同的。后来再读《内经临证》一书，发现这些观点在书中写得更"狠"。

翟双庆、王长宇二位编著者是王洪图教授的学术传承人，也是国内中医学教授。德国诗人海涅说过："尊敬伟大人物的最好的方法，莫过于把他的缺点就象他的美德一样仔细认真地揭示出来"。为衷心表达对逝者的纪念，今将本人认为《内经临证》美中不足之处写出，谨为学术争鸣。

《内经临证·医论篇》第四"试论心主神智活动观念的形成"，全面引用了《孟子》、《礼记》、《吕氏春秋》、《说文》、《孙子》、《国语》、《管子》、《文选》、《中庸》、《论语》、《十三经注疏》、《太玄经》、《黄庭内景经》、《荀子》、《诸子集成》、《悟玄篇》、《春秋繁露》等等诸子百家关于"心主神智活动"方面的论述，得出的结论是《黄帝内经》的作者是吸取了诸子百家的学术思想，我用一句话总结就是"医法百家"。

书中结论部分写道："心主神的观念并非中医学独创，早在中医学理论体系建立之前（即内经成书之前）就已广泛存在于先秦诸家之论中，已形成了较统一的认识"。

书中进一步论证说，"对人躯体的认识之所以产生主宰君主的观念，同中国社会制度的传统观念也有密切关系。传统的中国社会制度以君臣制为主。春秋战国社会动荡，旧的伦理道德日渐衰微，由奴隶制向封建制转变，以孔子为代表的儒家在先秦时期影响很大，应该说其代表的是奴隶主阶级利益的思想，政治思想的倾向是保守的，他既反对奴隶和平起义，又不满意新兴地主起来夺权，如《论语·季氏》云："天下有道，则礼乐征伐天子出；天下无道，则礼乐征伐自诸侯出"。所以主张复周礼，维护君臣父子之局面，提倡社会、家庭君主制、等级制，一切认识事物的方法、行为的准则均按此礼进行，应该说这些认识在一定程度也影响到对人体本身的认识，促进对人身之主宰、君主观念的建立，以至于医学著作《内经》以君臣相傅论脏腑，汉代董仲舒以君臣关系来论心身。"

这种"医法百家"，特别是儒家文化影响中医理论体系建立的结论，本人从根本上是不赞同的。与"医法百家"恰恰相反的，应该是"百家法医"，我认为，先秦诸子百家是从上古中医理论体系中，受到"上工治国"和"心主神智活动"方面的启发，进而影响到他们对社会制度、家庭伦理道德、中庸和谐哲学等方面的思考，从而形成他们的世界观和方法论。简言之。就是"百家法医"。

我认为，《内经临证》所下结论"心主神的观念并非中医学独创，早在中医学理论体系建立之前（即内经成书之前）就已广泛存在于先秦诸家之论中，已形成了较统一的认识"，应该改为这样的表述："心主神的观念为中医学独创，中医学理论体系建立在内经成书之前，认识早已统一。先秦诸家从中学得，也形成了较统一的认识。"

3.2.1.伴随中华民族历史全程的中医药学

自有人类生活在中华大地上开始，就有了中医药学。中医药学伴随了中华民族由远古至今的历史全程。

我们不仿先来看一看地球上的植物和动物。"整个生物界，都存在'生存'与'发展'两个方面的最基本，也是首要的需求"，这句话可以称之为"自然公理"。

孔子曰"食、色，性也。"就是讲的这一自然公理。

要保"生存"，除了要用劳动成果来保吃喝拉撒睡以外，就是要防止生病，有了病也能有办法来康复；植物要将种子借助自然力扩散到可以生根发芽的地方去，要扎根，有充分利用日光等等保证正常生存与发展的天性。

假若达尔文的进化论是正确的（进化论有许多解释不清的疑问），在还没有"进化出人类"以前，动物们是否也有"医学"？近些年来，中央电视台科技频道、国际频道、纪录频道等都有许多关于动物世界的科普报导，是非常有趣的。例如有一次播出的节目讲到，猴子拉肚子，知道到村里去找木炭来吃，因为木炭有收涩止泻作用，不仅如此，猴子还会将多余的木炭"库存"起来。

郝万山老师讲解《伤寒论》时，也讲过两则动物自保、自疗的故事：

一则是西方有研究大象的动物学家，他们在非洲观察一头怀孕母象，临产前步行数公里，找到一种树，将其叶子吃了，而后顺利产出了小象。这位动物学家将大象所吃的树叶采了一些，去问当地居民这种树叫什么名字，结果当地居民倒先开口问动物学家："你们中有人要生孩子吗"？原来这种树叶有催生的作用。

另一则是讲到仙鹤腿部发生了骨折，会自己用粘泥和水草将骨折部位包扎，等粘泥干燥了以后，就形成了固定绷带。骨折好了以后，在水里将粘泥再化开，绷带就除去了。

上海科学技术出版社 1997 年第二版第八次印刷的《天下之奇·动物的利他行为·动物行医》记载：美国斯坦福大学的生物学家对一头名叫贝尔的雌黑猩猩进行观察，发现贝尔从地上拣起一根小树枝，将叶子全部摘掉，当作牙签，去给一头雄黑猩猩剔牙。贝尔像牙科医生那样，让自己的"病人"躺下来，牠则站在或跪在"病人"的面前，一手扶着"病人"的头，扒开嘴，另一只手拿起牙签认真地为"病人"剔除牙缝中的积垢。6 个月中贝尔给"病人"剔牙 23 次。书中的动物，除了"牙科医生"外，还有"助产士"，总之都会行医。

唐朝有一本名叫《朝野佥载》的书中说："医书言虎中药箭，食清泥；野猪中药箭，逐荠苨而食；雉被鹰伤，以地黄叶帖之……；鸟兽虫物，犹知解毒，何况人乎？"（《朝野佥载》丛书集成本第 7 页）

当然，上述现象，科学家们可以用"动物的本能"来作解释。那么，远古时期的人类，一定也有动物这类本能的"聪明"。

"中医药学伴随着华夏民族的历史全程"这一命题，就是说中医体系由最原始的医学知识发轫而起，只不过那时并不称为"中医"，更没有专职的医生。假设我们把那时的医学称为"甲猿术"，则是所有的猿猴都懂"甲猿术"，只是水平高低的区别。中华民族到了黄帝时代，有了专职医生了，但也不称中医，而称为"工"，最好的医生称"上工"，庸医则是"下工"或称"粗工"。《黄帝内经》中就有"粗工凶凶，以为可攻，故病未已，新病复起"的记载。"中医"一词是在"西医"进入中华大地以后，为示区别才称"中医"的，也只是近百年的事儿。

诸子百家出现的时代是春秋战国，距今仅两千多年。百家总结的主要是商周时期留传下来的学问，涉及的历史始于三皇五帝，正是黄帝时代。距百家时代也就是一两千年间的事儿。而那时"工"（医生）的学问传承，假设从"甲猿术"算起，已经有了两三千万年的历史了；即使是从仰韶文化时代算起，也有十至三十万年的历史了。学问传承充其量只有一两千年历史的诸子百家，从有数千至数十万年学问传承的"工"学身上吸取养分，建立了各自的理论体系，是为"百家法医"。

诚然，上述论证是建立在"整个生物界，都存在'生存'与'发展'两个方面的最基本，也是首要的需求"这一"自然公理"的基础上。进而"认定中医学是伴随中华民族历史全程的"。如果不承认这一自然公理，那结论也就没有了存在的基础。下面来看几处文字依据。

3.2.2. "医易同源"和"孔子五十而学易"之证

百家居首的孔老夫子，自言是"述而不作"，就是他只传述先人的学问和自己的学习心得，由弟子们记载和写作。

111

孔子曰，"五十而学易，可以无过矣"。孔子到五十岁才开始学"易学"，而且"韦编三绝"，就是座位下的苇蓆被磨破了三张，学习很用功，收获也不小，因为能做到"无过"。

中国"医易同源"是众所周知的，即"医"与"易"是同时代的"科技成果"。

孔子"学易"，作有《十翼》，也是"述而不作"，只是阐释经文及自己的理解。若把孔子"学易"说成是"易学孔子"，显然不是历史唯物主义的态度。

3.2.3.《黄帝内经》也有文献引用

如前文所述，在《黄帝内经》成书以前，中医理论已相当成熟，许多上古时期的医学著作在《内经》中有明文记载。

例如《黄帝内经·素问·玉版论要》讲到：《五色》、《脉变》、《揆度》、《奇恒》道在于一。

《黄帝内经·素问·病能论》写有：《上经》者，言气之通天也。《下经》者，言病之变化也。《金匮》者，决死生也。《揆度》者，切度也。《奇恒》者，言奇病也。所谓奇者，使奇病不得以四时死也。恒者，得以四时死也。所谓揆者，方切求之也，言切求其脉理也。度者，得其病处，以四时度之也。同篇中还记载有：肺气盛则脉大，脉大则不得偃卧，论在《奇恒阴阳》中；《素部·评热病论》有：《热论》曰：汗出而脉尚燥盛者死。《逆调论》有"《下经》曰：胃不和则卧不安。

这里所记载的《五色》、《脉变》、《上经》、《下经》、《金匮》、《揆度》、《奇恒》、《热论》、《奇恒阴阳》等，显然都是黄帝读的医书，是比《黄帝内经》更古老的医学著作。

再如《黄帝内经·素问·奇病论》有记载：《刺法》曰："无损不足益有余，以成其疹。"还有："胆虚气上溢而口为之苦，治之以胆募俞，治在《阴阳十二官相使》中。

《黄帝内经·素问·五常政大论》有记载：《大要》曰："无代化，无违时，必养必和，待其来复。《素问·示从容论》有："雷公曰：臣请诵《脉经上下篇》；

《黄帝内经·素问·针解篇》有记载：黄帝问曰：愿闻《九针》之解，虚实之道；

《黄帝内经·素问·八正神明论》有记载：岐伯曰：法往古者，先知《针经》也。验于来今者，先知日之寒温，月之虚盛，以候气之浮沉而调之于身，观其立有验也。；

《黄帝内经·素问·痿论篇》有记载：故《本病》曰：大经空虚，发为脉痹，传为脉痿。

这里所记载的《刺法》、《阴阳十二官相使》、《大要》、《脉经上下篇》、《九针》、《针经》、《本病》等等，显然也都是比《黄帝内经》更古老的医学著作。

再回到前文第一章节所引《黄帝内经·素问·天元纪大论》鬼臾区曰：臣积考《太始天元册》文曰"太虚寥廓，肇基化元，万物资始"，五运终天和《五运行大论》中"岐伯曰：臣览《太始天元册》文"，其中所引用的《太始天元册》那一段文字，显然描述的是我们华夏祖先所记载的宇宙背景辐射图象。在《太始天元册》中有"岐伯曰：天地之气，胜复之作，不形于诊也。《脉法》曰：天地之变，无以脉诊，此之谓也"的记载，意思是天地间五运六气非常多变，看不见，模不着，因之得病，必用五运六气知识辩证施治，是脉诊力所不能的。这种记载也从一个侧面说明，华夏先贤们是将中医学与宇宙天文学、气象学、历法等学说平行记述的。

从《黄帝内经》引述的这么多书来看，黄帝不仅爱读书，而且敬重知识产权，每次向岐伯等人提问，都清楚说出引自那本上古之书，充满敬重之意。这样的记载有数十处之多。

医学，与宇宙天文学、气象学、历法等，都是中华民族最古老的的学问。连孔子做学问都"法医"，讲究"食不厌精，脍不厌细"。

3.2.4. 以"并"字佐证

"百家法医"，还可以从古文字的通假字中找到佐证。

比如"并"这个字。《中庸》有文："万物并育而不相害，道并行而不相悖。"句中"并"字的意思是"合、同、齐"；而《黄帝内经·素问·调经论》在论述"有余有五，不足亦有五"，即神、气、血、形、志的有余与不足时，已有"血气未并，五脏安定"的结论。这里"并"字的意思，按当今研究古典文献学的姜燕博士所著《甲乙经中医学用语研究》，确解是"竟"，古"并"字通假字，通"屏"，避也，即血气不和，百病乃变化而生，就说明一但发生血气相"并"的状态就是有病了。

以"并"字佐证，《黄帝内经》用字之意要比《中庸》

114

早得多。

3.2.5. "工"无求于"百家"，而"百家"必有求于"工"

让我们做一个大胆的猜想：从人类发展史来看，医学知识的普及程度是越上古越普及，猿人时期可能人人都懂医，后来历经数千万年发展，有了社会分工，才有了专职的"工"负责看病，医学知识普及反而日渐式微了。

诸子百家，圣贤多多，但也都是人，也都会生病，能与医著或医生无涉？过去民间有言"秀才学医不用师"，诸子百家都是文化人，有的也懂点医学，比如孔子特别重视食用生姜。想来那时候，没有纸，也没有印刷术，书都是用刀刻写在竹简或木片上，一定很珍贵，也很少，百家想学也只能想方设法借书来读。而专职的"工"呢，传授医学本领也讲求"非其人勿教"。

在春秋战国时代，"工"这种职业虽是活人之术，但社会地位远不如作为政治家、思想家、军事家等的百家，这或许与中国传统"官本位"的思想奴役有关。举个现实的例子，汉末的政治家诸葛亮和医家张仲景，同是河南南阳人，但在改革开放之前，医家张仲景的墓地"埋没于乱石荒草间"，仅存墓碑，与修缮完好、一派风光的卧龙岗诸葛亮故居形成鲜明对比。

"工"无求于百家，而百家必有求于"工"；百家从"工"那里懂得了"心主神明"的道理，引发了他们对社会学领域的思考，从而作出一系列以"上工"之术"医国"的君主制度方面的谋划与设计，并写入他们的著作中。

3.2.6. 心脏的"特殊性"与"特殊地位"

中医的"心主"虽然有其特殊性，但在五运行中，其与另外四行是完全平等的，五脏都藏有"神"，特殊性并不意味着有特殊地位。

在六气运行中，将"火"的光和热分列出君相，为"二元化"两分法，为君臣一体两元。这与百家中的君主"一元化"，"君叫臣死，臣不得不死"，卧塌之侧不容他人酣睡等等主流思想是相悖的。从这个角度来讲，"医法百家"显然不能成立。

《内经临证》引《孟子》言："心之官则思"，这里的"官"字明显是从《黄帝内经》以"十二官"来比喻五脏六腑那里学得的，全句的意思亦相同。

中医 "心主神志活动"的理论，正在为现代科学技术所证明。就《内经临证》这本书来说，也以大量药到病除的医案证明了其科学性。

3.2.7. 最笨的佐证方法

上面列举了不存在"医法百家"的论据，同时列举了百家从医那里懂得了心主神明的道理，借用到他们治国理论中去的论据。为了对此作进一步的说明，我再用一种最笨的极普通的推理方法，来佐证"百家法医"。

《三字经》讲周朝，"八百年，最长久"，周朝分封制的发展结果，是各个诸候国尾大不掉，不听周天子的话，于是历史掀开了春秋战国的思想解放大时代。那么，在那个大变革时代里的知识分子，对当时的"周天子"和"各国国君"是什么样的看法？他们分别采取了什么行动？

有第一类知识分子，他们通过谋官为老百姓办实事，这样的人最有代表性的就是孔子，但想为百姓做事并不容易，因此孔子做官没做长久，孔子事鲁，由大司寇行摄相事，鲁国大治。国家安定了，那位鲁定公接受齐国送来的八十名美女，饮酒作乐不理朝政，孔子毅然辞职，辞鲁去卫，后又被困陈蔡，吃尽了苦头后，才转做布道之人，向天下人传授自己经世济民的主张。

另一类知识分子恰恰相反，辞官归故里，原因是他们对世道看不惯，有意见，于是就隐于世，耕田守猎，自食其力，你再怎么逼迫，宁愿被火烧死也不出门做官，这些人中，就有伯夷叔齐和介子推，他们的故事代代相传；

不要忘了，还有第三类知识分子了，他们是实干家，有经世济民的抱负，在看透了各诸候国君主腐败无能，争霸斗狠，杀人无数的现实后，他们哀民生之疾苦，怜生民之多艰，于是学医行医，以济世救民为己任。

第三类知识分子，务实、实干，与注重立德立言的诸子百家相比，他们更注重立行，更注重行医过程的田野实践，因此，他们不会太理会百家的思想体系，更谈不上"法百家"。更进一步讲，这批实干家正是因为不愿意进官场和光同尘，何谈会向百家学习？

《黄帝内经》传承至今，其编撰者，从最早的黄帝岐伯们，到西汉北宋一代代医家的补充释义，已有史料完整地记载了这个过程。就好比明编《永乐大典》，清编《四库全书》，编修者们在工作之余也会在一起议论国事，"头脑风暴"。"心主神明"、"以十二官"来比喻五脏六腑、"上工治国"的主张，大约都是头脑风暴出来的，既是中医理论，也是治国良方。再说，诸子百家也是人，是人都有生病的可能，都有接触"工"的机会，他们从医生那里学到了"心主神明"及"上工治国"的主张，引发他们对自己专业的思考就是很自然的事了。于是他们把这一中医科学，联系个人对国家政治体制所进行的思考，一同写进他们的著作中。

但是，在百家的著作中，我们找不到"工曰"这样的字眼，自然无从知道他是听了哪位"工"的话。这又是为什么呢？窃以为，这与中国传统社会的"官本位"思想有关。百家之所以被后世人称为百家，是因为他们的主张或多或少被某国国君统治者看中，得以施展并流传下来，同时他们又是极其希望自己的政治主张能被某个国君看中，进而实现自己的政治抱负。因此他们看重的是政治，引用帝王的话，肯定要署名"某帝曰"，即使引用在他们看来对推行自己的政治主张有帮助的官员的话，也定要写明"某曰"。至于"工"的话，那就是老百姓的话，他们是耻于下问的。

3.2.8 "百家法医"独具中国特色

中医与中国传统文化"血肉相连"，是不可分割的整体。

虽然《易经》和《黄帝内经》成书的时间要晚至商周以后，但从已知的甲骨文考据中已证实有医易的记载，"易"理与中医理论是同时创立起来的。因此，从考据学意义上来说，中医理论是中国传统文化的探路人。经老、庄、孔、孟等诸子百家立德立言所记录、创建与传承的中华文化体系，比黄帝歧伯年代要晚两千多年。

先秦诸子百家中，尤以儒家影响深远。在治世理念上，孔子注重领导者的表率作用，指出"为政以德"，对居上者提出的道德修养规范和行为标准。同样，孔子对臣下的忠也有具体要求，即"据之以道，约之以礼"，"以道事君，不可则止"。司马迁在《史记·孔子世家》中写道："诗有之：高山仰止，景行行止，虽不能至，而心想往之。余读孔子书，想见其为人。适鲁，观仲尼庙堂车服礼器，诸生以时习礼于其家，余祇回留之，不能去云。天下君王至于贤人，众矣；当时则荣，没者已矣。孔子布衣，传十余世，学者宗之。自天子至于王侯，中国言六艺者，折中于夫子，可谓至圣矣。"司马迁的这一评价，值得我们深思。

儒、道学说与中医理论的共通点很多，都讲求内修功夫，特别是"上工治国"的观点把人体小天地与整个国家作对照，指出"心者君主之官……凡此十二官者，不得相失也。故主明则下安，以此养生则寿，殁世不殆，以为天下则大昌。主不明则十二官危，使道闭塞而不通，形乃大伤，以此养生则殃，以为天下者，其宗大危，戒之戒之"。中医理论统率中国传统文化，是中国优秀文化传统的"本色"，是文化先进性的表现。

正如北京大学马克思主义学院学术委员会主任李翔海在其《生生和谐》(重读孔子)一书中所说，"20世纪，儒门淡薄。经数十年批儒反孔，面对世纪战争、人类自相残杀、贫富悬殊、两级分化、堪天役物、竭泽而渔、资源枯竭、环境破坏、弃理纵欲、人性钝化、价值迷失、金钱万能、道德冷落等等现实，一些西方有识之士开始注重东方"。此书写于上个世纪90年代后期，世纪之交即将到来，彼时，国外有一些重量级的学者纷纷将目光转向中国，称赞中国古代"天人合一"的宇宙观是中国人的骄傲，并预测中华文化经济圈已经形成，二十一世纪是全球华人的世纪。

3.3. 经络穴位商榷

我读中医经典书生籍的过程是这样：上个世纪80年代，从《黄帝内经》散存的《素问》、《灵枢》开始，然后是《伤寒论》和《金匮要略》，后期花时间最多的是读《温病条辨》。读这些经典的过程中，联系少时家学，我能读出很多心得体会，遇到不太明白的地方，我才去看林林总总的解读本。

随着年龄的增长，记忆力减退，我编了很多方便记忆的中医口诀，前文罗列的药性歌就是其中之一。此外还有经络穴位口诀。记得2007年有一次逛新华书店，突然发现一本《经络穴位速记手册》，如同遇到同道之人，首先全书分"腧穴"和"特定穴"两大类，跟我编的口诀歌分类一致，其次书中用了很多图片，方便我图文结合强化记忆，于是很高兴地买下。但是回家打开书一看，这本当年 2 月第一版第 4 次印刷的书，销售分类属于"中医临床"，内容竟然有那么多的硬伤！

特此提出以下五处错误，与《经络穴位速记手册》作者商榷。

3.3.1 十二原穴

首先是穴位的图示标注不严谨：第 159 页所标注的"章门"穴，明明是"期门"穴的位置；第 188 页图中标注的"肩俞"，应是"肓俞"；第 130 页标胆足少阳经第 41、42、43 穴即足临泣、地五会、侠溪三穴的位置与第 150 和 152 页对三穴取穴位置的文字说明及附图标注，相互矛盾。150 页文字说明"足临泣当足 4 趾本节（第 4 跖骨关节）的后方，小趾伸肌腱的外侧凹陷处"；地五会在"当足第 4 趾本节的后方，第 4、5 跖骨之间，小趾伸肌腱的内侧缘"。对照文字说明和第 130 页胆经总图，150 页图中标示的足临泣穴位当是地五会的位置；151 页图中标示的侠溪穴当是地五会的位置，文字说明侠溪穴在"趾蹼缘后方赤白肉际处"。

其次是对十二原穴的解读有错误：十二原穴是五脏六腑各有十二个原穴，而不是五脏六腑共有十二个原穴：

《手册》第二章第一节"十二原穴"所给出的内容是：五脏六腑共有十二个原穴，即肺经太渊、大肠经合谷、胃经冲阳、脾经太白、心经神门、小肠经腕骨、膀胱经京骨、肾经太溪、心包经大陵、三焦经阳池、胆经丘墟、肝经太冲。

《黄帝内经·灵枢·九针十二原第一》指出五脏原穴为每一经一个穴位名，但左右各有一个穴，即肺太渊、脾太白、心大陵、肾太溪和肝太冲各有两个穴位，加上"膏之原出于鸠尾，鸠尾一。肓之原出于脖胦（即气海穴），脖胦一。"共有十二个原穴。若讲穴位名，则是七个穴。

这里要特别注意的是：心经原穴是大陵而不是神门，神门是心经穴位，大陵是心包经的穴位，因为心是"君主之官"，是出"神明"之所，而心包"膻中者，臣使之官"，又比喻为心君的"宫城"，即臣使们办公处理体内外大小事务的地方，有"代心受邪"的职责。

经言"君火以明，相火以位"，细心体味其中的暗物质信息能量场的运行原则，就会明白"心原大陵"的道理。例如"泻心火"绝对不能理解为泻心君之火，只能理解为泻心包相火。心火主光明，属"光"；相火主能量，属"热"。君火越光明越好，"主明则下安"，故君火无"过"，只有"不足"之疾；相火有过也有不及。

《灵枢·本腧第二》讲六腑十二原，是一腑一穴左右各一共十二个穴，即大肠经合谷、胃经冲阳、小肠经腕骨、膀胱经京骨、三焦经阳池、胆经丘墟。

五脏六腑十二原若说穴位名，五脏为七穴，六腑为六穴，共十三个穴位名。论穴位数，则是五脏六腑各有十二个原穴，共二十四穴。

3.3.2 五腧穴的五行属性及其穴位数

《手册》第二章第九节"五输穴"（书中用"输"字而不是"腧"字），对井、荥、输、经、合的五行属性误为六阳经和六阴经完全相同，即井木、荥火、输土、经金、合水，见《手册》表2—9。

《灵枢·本腧第二》讲六阴经五脏的五腧穴确实是"井木、荥火、输土、经金、合水"。而六阳经的五腧穴是"井金、荥水、腧木、经火、合土"。《手册》将阴、阳六经五腧穴的五行属性统以阴经属性论之，当是大错！阴阳学说乃是中医学的核心内容之一，阴阳属性上着实不能出错！

五脏五腧穴，"五五二十五穴"，六阴经中，没有心包经的五腧穴，而心经的的五腧穴是：井穴中冲、荥穴劳宫、腧穴大陵、经穴间使、合穴曲泽，都是心包经的穴位，其道理与心经原穴是大陵而不是神门是一样的。此问题受篇幅限制，在此不作展开论述。

而六腑为"六六三十六腧"，包括六腑的原穴，即大肠经合谷、胃经冲阳、小肠经腕骨、膀胱经京骨、三焦经阳池、胆经丘墟。这样才与《黄帝内经》的论述相合无误。

3.3.3."特定穴"不可少了"十四经别"

《黄帝内经··灵枢·经脉第十》篇的内容是《灵枢》经的核心，讲解了五脏六腑十二经脉的起止、络属关系、循行部位；经脉及支脉的上下、出入、交、贯、挟等路线；十四经别及其寒、热、虚、盛病变表征、治疗原则等等方面的内容，涉及"特定穴"。但是《手册》没有编入十四经别方面的"特定穴"。

十四经别和脾之大络合称"十五络"，即手太阴列缺、手少阴通里、手厥阴内关（注意：《灵枢》在此处写的是"手心主之别，名曰内关"而没有称为手厥阴之别，也是心包代心理事，代心受邪之意）、手太阳支正、手阳明偏历、手少阳外关、足太阳飞阳、足少阳光明、足阳明丰隆、足太阴公孙、足少阴大钟、足厥阴蠡沟、任脉下鸠尾、督脉长强、"脾之大络，名曰大包"。

"特定穴"而不编入十四经别方面的"特定穴"，不能不是一大缺憾。

3.3.4."禁灸穴"

《手册》第二章"禁灸穴"一节共给出 47 个。其中：

"阳关"禁灸，查第一章 163 页督脉有"腰阳关"，146页足少阳胆经有"膝阳关"。这两个阳关穴均写明"可灸"；

"禾髎"禁灸。查第一章 128 页手少阳三焦经有"耳禾髎"写明"可灸"，19 页手阳明大肠经有"口禾髎"写明"禁灸"，那么《手册》第二章禁灸穴就应指明是"口禾髎"才对；

"临泣"禁灸，查第一章 138 页足少阳胆经有"头临泣"和 150 页"足临泣"两个穴位，都写明"可灸"；

我统计了一下，在《手册》第二章中列出的 47 个禁灸穴中，在第一章中写明禁灸的只有 13 个穴；另外的 34 个穴都写明"可灸"，这 34 个穴是临泣（头、足两穴）、脑户、耳门、瘛脉、颧髎、肩贞、天牖、心俞、脊中、白环俞、鸠尾、渊液、周荣、腹哀、少商、鱼际、经渠、天府、中冲、阳池、阳关（含腰、膝两穴）、地五会、漏谷、阴陵泉、下关、条口、殷门、承扶、申脉、髀关、伏兔、阴市、犊鼻、委中。事实上是 36 个穴位而不是 34，因为头临泣和足临泣是两个穴位，腰阳关和膝阳关也是两个穴位。《手册》中写明"禁灸之穴四十七"也是错误的，加上两口禾髎、两阳关、两临泣应是 50 个禁灸穴，第一章写明禁灸 13 穴，两章一致率仅为 26%。

第一章中写明"通天"穴禁灸，而第二章禁灸穴中没有通天一穴。两章一致率仅占四分之一！

3.3.5. "禁针穴"

《手册》第二章写明的"禁针穴"有 23 穴：脑户、囟会、神庭、络却、玉枕、角孙、颅息、承泣、承灵、神道、灵台、膻中、水分、神阙、会阴、、横骨、气冲、手五里、箕门、承筋、青灵、乳中、三阳络。而在第一章中标明禁针穴仅是乳中和神阙两穴，其余 21 穴均写明可以施针，并写明刺深。两章禁针穴的前后一致率仅占 8.7%，更令人吃惊！

可能会有人不相信《手册》会是这个样子，很可惜，此书目前至少已经四次印刷，仍旧没有更正。

3.4.《太素》校注《黄帝内经》移"甘苦"二字辩

隋唐时代的中医先圣杨上善编著《黄帝内经太素》并加校注(以下简称《太素》),对后世学习和研究《黄帝内经》起到了示范作用。在由田代华同志整理、人民卫生出版社2005年8月第一版《黄帝内经·素问》2008年3月第五次印刷本中,《生气通天论》最后一段原文是:

"阴之所生,本在五味;阴之五宫,伤在五味。是故味过于酸,肝气以津,脾气乃绝;味过于咸,大骨气劳,短肌,心气抑;味过于甘,心气喘满,色黑,肾气不衡;味过于苦,脾气不濡,胃气乃厚;味过于辛,经脉沮弛,精神乃央。是故谨和五味,骨正筋柔,气血以流,腠理以密,如是则骨气以精,谨道如法,长有天命"。

《太素》对这一段中的"甘"、"苦"二字有校注,认为应该调换位置,而且因为"脾恶湿",所以"脾气不濡"应没有"不"字,"濡"字后还应加一"润"字,成为"味过于苦,心气喘满,色黑,肾气不衡;味过于甘,脾气濡润,胃气乃厚"。王洪图老师生前讲《黄帝内经》,也是支持这一改正的。

然而,杨上善的改正不好理解,"脾恶湿"不错,但脾与胃互为表里,"脾气濡润"为湿所困,那么湿土变成了稀泥巴,肯定造成其运化功能失司,引起消化不良,应该"胃气乃弱"或"胃气乃虚"或"胃气乃寒",纵然是久病虚寒可以化热,但"邪热不杀谷";再则,虽然五脏六腑均能引起咳嗽,但"气上呛,咳嗽生,肺最重,胃非轻"(引至《医学三字经》),脾为生痰之源,肺为贮痰之器,脾土为痰湿所困，肺金肃降功能必弱，痰壅于肺必患咳喘；肺为水之上源，又主制节，肺金失降，又必引起小便不利；胃气弱而虚寒，当食谷不化，下利清谷，怎么能是单单一个"胃气乃厚"？此一"厚"字若解为"实"，也可以说得过去。但是，我们都肯定《黄帝内经》充满辩证法，绝不会在此处以偏要概全，以"胃气乃厚"统言"胃气"也可能出现的"虚、寒、弱"；肺失肃降而咳喘，小便不利，下利清谷等证状。

再看"味过于苦，心气喘满，色黑，肾气不衡"。

上一节论述了心与肾的"五谷为养，五果为助，五畜为益，五菜为充，气味合而服之，以补精益气"，都是取五味配五行的相生之义。但是五脏对饮食五味的选择"绝不能统取五行相生之义"。即所总结的："心火肾水乐交泰；脾土食咸合水德，但有恶湿用苦补；肝木食甘根土中，但有苦急也用甘；肺金食苦为制约，但苦上急也喜苦"，万不可一概而论。

《生气通天论》所论："味过于甘，心气喘满，色黑，肾气不衡；味过于苦，脾气不濡，胃气乃厚"；《太素》将"甘苦"二字易位，同时去掉"濡"字前的"不"字，并在"濡"字后加一"润"字，我认为应是"心脾"二字易位，即为"味过于甘，脾气喘满，色黑，肾气不衡；味过于苦，心气不濡，胃气乃厚"。

《经脉别论》有言"四时阴阳，生病起于过用，此为常也"。

《宣明五气篇》云"甘入脾"，"味过于甘"即为"过用"，

127

故而"脾气喘满"，正如彭子所论"脾土有填实之病，土气填实，则不能运化也"。

脾土克制肾水，故而"肾气不衡"。我们以前搞围海造田，破坏了大面积湿地，结果使局部生态失去平衡，就是个教训。

"味过于苦"，"苦入心"，也是过用，故而"心气不濡"，这"濡"字即水也，心之使臣相火过旺，常规肾水不足以交济过旺的相火，造成相火上炎，克及肺金，又必然引起肾水更不足，同时燥金累及其母脾土，胃中津液不足，难于化物，"胃气乃厚"，因火气旺，故不可能出现"胃中虚寒弱"等证状，只能出现胃实。

这几句经文前面的"味过于酸，肝气以津，脾气乃绝"。过用酸味，"酸入肝"，肝气过旺而成病。经云："见肝之病，知当传脾"，则脾土为丛木所覆盖，负荷太重，脾气乃绝；

"味过于咸，大骨气劳，短肌，心气抑"。"咸入肾"，咸味过用，肾水泛滥成灾。肾主骨，肾水上扑心火，则"大骨气劳，短肌，心气抑"；

这几句经文后面"味过于辛，经脉沮弛，精神乃央"，辛味过用，"辛入肺"，肺金之气过旺，伐肝木致使其失去条达之体。肝主筋脉，舍魂藏血，肝气不足，导致经脉沮弛，精神乃央。

如是，则整段经文就一致了。

3.4.1 西医也学学中医，如何？

2009 年 12 月 27 日，中央电视台 CCTV－10《科技人生》节目播出了我国科学院院士、血管病专家、北京协和医院大夫汪忠镐先生的事迹，其中讲汪院士在 2002 年或是 03 年得了哮喘病，多方治疗不好。喘咳均在晨 2 时前后发作，睡不成，起来坐着倒好受了；白天上班，查病房、门诊照常坚持不误，其医德令人钦敬。

也有患与汪院士相同病者，汪院士称之为"同一个战壕的战友"，大家咳喘起来非常剧烈，有咳断一根肋骨的，也有咳断两根肋骨的，还有咳断三根肋骨的。在同行均将此症诊断为慢性气管哮喘的时候，汪院士考虑恐怕不是肺或气管方面的原因，于是多方设法找出真正的病因，经过五到六年的努力，终于找到了这种咳喘的病因所在。

节目中显示了仪器观察到的情况：晚上人休息时，胃负责进食的贲门是关闭的。而得这种病的人贲门在此时不关闭，胃在消化时产生的气体出贲门，向上冲击而引发剧烈喘咳。

病因找到了，汪院士以手术使贲门在人不进食时闭合，病就好了。据一位汪院士"同一个战壕的战友"介绍，以前犯病时咽喉处也非常不适，吞咽东西不顺畅，手术后醒来首先就感觉咽喉吞咽东西顺畅了。

看了这个节目，我心中百味杂陈，难以言表。这样的病例，用中医是多么容易治疗好的！为什么一定要大伤元气去做手术呢？

且不说《黄帝内经》有专门的《咳论篇》指出：五脏六腑皆令人咳，非独肺也。就是清代名医陈修园前辈在《医学三字经》中，也明确指出：气上呛，咳嗽生，肺最重，胃非轻。

按汪先生的介绍，此病多在晨2时前后最剧，也可定非肺咳。因晨二时属丑时，胆经最旺，3点后，肝经继之。

《黄帝内经》云：肝咳之状，咳则两胁下痛，甚则不可以转，转则两胠下满，能咳断肋骨，正因此也。

若论此病，当属胆经不降而造成胃气上逆，咽喉无任何病变而吞咽不畅，亦因气逆所致。处以疏肝利胆、和胃降逆之剂，当能治愈，完全不需要大伤元气做手术！遇见咳喘这类病，万不可就是宣肺、化痰、止咳，要从"五脏六腑皆令人咳"来通盘辨证论治。

汪院士还曾攻克"蜘蛛人"病人难题。"蜘蛛人"病人，腹大而四肢与身体其它部份瘦弱，形同蜘蛛，被普遍诊断为肝腹水，肝功能已完全丧失，病因在于肝脏代谢的某根血管阻塞所造成的，西医要通过手术，将血管清理通畅，手术风险大，以至于"蜘蛛人"病人的死亡率近乎100%。汪院士的做法是，把病人排除的腹水经过处理，重新输入病人体内，因为腹水内含有大量蛋白，对病人的康复有益。汪院士因这个手术方案，使"蜘蛛人"病人的死亡率由原来的近乎100%而降到5%以下，曾得到国家级的奖章奖励。

看完那期节目，我真的有找到那些"蜘蛛人"病人的冲动，我想问问他们，为什么不尝试用中医的办法？解决西医所不能解决的问题，"偏方治大病"，既是中医的长项，也是中医的使命。

3.4.2 中医视角再看"上工治国"与"中庸之道"

每读中医著作，我都为古圣先贤们的大智慧所折服。

比如"上工治国"一说。试想健康人体内各个脏腑组织之间的关系是多么"和谐"，信息的筛选是多么准确，信息的传递速度是多么的快捷，反应又是多么灵敏，处理又是多么及时……，组织机构的建设，那真是多一点即显有余，少一点即显不足，精减高效达到极至。

三皇五帝时代，实行"禅让"制。据《书经·大禹谟》的记载，舜帝对禹的要求是："惟精惟一，允执厥中。无稽之言勿听，弗询之言勿庸"。把这些话译为白话就是："做任何事都要做到最好并且一以贯之，要许诺永远实行最中和的方针政策，既要防左，又要防右。没有经过核对正确的话不要听，没有征求群众意见并得到人民认可的建议不要采用"。健康人体的阴阳五行之间，也都是"永执厥中"的，否则就会生病。

孔子曰："天不言而四时行焉，百物生焉"。健康人身的心脏、气血、经络、神志等也是无为而无不为的，因为健康人体与大自然运行规律是同步的。

人性都有弱点，所以社会要"永执厥中"诚属不易，孔子都曾发出感叹："中庸不可得矣"。对中庸，朱熹的解释是"中者，无过无不及之名也"，"庸，平常也"。程颐解释是"不偏之谓中，不易之谓庸。中者，天下之正道；庸者，天下之定理"。

说中道庸论中庸。

先"中"。论语中有一段子贡问孔子，子张与子夏谁更优秀一些。子贡问："师（子张名叫颛孙师）与商（子夏名叫卜商）也孰贤？"孔子回答说："师也过，商也不及"。子贡接着问："然则师愈与？"就是说那么子张更优秀一些吗？孔子回答说："过犹不及"，就是说"过"了不好，"不及"也不好，"过"和"不及"是一样的不好。"中"就是要融合人类公认的道德行为准则与规范，做到合理、合时、适度，与进俱进，恰到好处。作为一种德性，"中"就是要随时随地都持守人的道德准则与行为规范，"不愈矩"。

再说"庸"：用"平常"与"不易（即不变）"来解释"庸"，有些不足以说明其含义。我们知道，孔子被称为"圣之时者"，就是说孔子是"与时俱进"的，他教导学生，对不同的人问同一个问题，大多根据提问人的实际情况作出不同的回答，这在"论语"中可以看到许多例证。"用天下之定理"来解释"庸"说出了"庸"的实质，如欧氏几何中的"公理"，对社会而言就是人类社会公认的做人的行为准则与道德规范，是"礼"的一个重要组成部分。这些准则确实是平平常常的普遍存在，而且随着时代的发展不断得到修正、补充与完善，不是一成不变的。但是作为"庸之德性"是不变的，人们各安其德，各行其事，和谐相处，作为一种德性，就是要"守常"，无条件地终身遵守这些"天下之定理"，就是"庸之道"。

孔子要求他的学生"君子食无求饱，居无求安"，"讷于言而敏于行"，"矜而不争，群而不党"，"贞而不谅"，"惠而不费，劳而不怨，欲而不贪，泰而不骄，威而不猛"，"贫而乐，富而好礼"，"乐而不淫，哀而不伤"，"不失人亦不失言"，言行举止"温而厉，恭而安"等等，都体现了"中庸之道"。

中庸之为德，孔子曾说他自己也很难做到。人非圣贤，孰能无过。做事做人，不是做过头了，就是做得差了一些，有时也会不慎"失言(说错话)"，很难达到"中庸"的境界。但人可以通过加强自身的道德修养和努力，尽量少犯错误，争取不犯错误，以"中庸之道"来指导言行。

学习中医，比如《黄帝内经》在食物性味选择方面指出："病皆起于过用"，那么在辩证处方时，对任何药物也皆不可过用，不能做"临证欲愈，执方欲加"的下工。"永执厥中"就显得十分重要。

3.5. 从中医内证实验道法自然看"进化论"的理论盲点

达尔文进化论的核心观点，就是"物竟天择"、"优胜劣汰"与"适者生存"。问题是，其它所有物种，为什么在经过与人类同样长的进化期后，没有获得这种精神方面能力而仅仅只有本能呢？现代基因科学的观点是，人类与哺乳类动物97%的基因是相同的，人类独有的仅占3%，正是这3%的基因决定了"人为万物之灵"而有"精神意志"，善于思考，能发明创造出如此这般丰富多彩的文明世界。

基因科学并不能完全解释进化论的观点，至今还有很多学科在尝试填补进化论的理论盲点。从中医学科来看，在整部《黄帝内经》里，找不到一字一句涉及进化的论述，而处处皆体现"人为天地之气生，四时之法成"，"天地合气，命之曰人"的结论。

"进化"肯定是存在的，例如细菌有抗药性就是细菌进化了。假若人类真是进化来的，那人类实现"进化"的时间，也绝不像细菌那么简单，前面已论述了是以千万年为时间单位的。中华六千多年的文明史，若说人的大脑容量与智商有进化，那也是微不足道的。我个人甚至认为今人的大脑比之古人退化了。因为进化要有促进因素，失去了必要的促进条件，只能不进则退。

是的，现代科学在微观世界，把物质分到了"夸克"水平，在宏观世界里，把目光放到数十亿光年的外太空；这些成果是在社会生产力发展到相应水平，是在一代又一代的继承与发展基础上取得的。

我们现在使用的"夏历"记年月的方法，是古人研究出来的"科技成果"，在与济春堂五代传人讨论时，我问这些年轻人："你们怎样通过观测与思考，计算出太阳的黄道周期和月亮的运行规律？"

类似这样的问题，我提出了很多很多，例如古人的养蚕巢丝、铜铁冶炼、青铜铸造、陶瓷烧变、古代建筑等等技术，年轻人，不利用今天的技术手段，仅以古人所具备的生产条件，你怎样做出来这些东西？

想来古人在当世的生产力条件下，要生存与发展，必顺应自然，探究天地之道；必躬履践行，为中医则必"内证实验"。上古文献所传说的"神农尝百草"就是内证实验。

明末清初的大学问家顾炎武先生在其《日知录》中说过："三代以上，无人不知天文"的话，顾炎武是反对空谈，提出"天下兴亡，匹夫有责"的人，在他三代以上，也就是十七世纪前，我们中国人居然"无人不知天文"，注意这里是"无人不知"。奇怪吗？

试想那时的先人们，靠天吃饭，天文对于衣食住行，对于日常生活，对于战胜疾病保健康头等重要。事实上，天文历法纪年等等成就，都是人类被生存与发展"逼"出来的，是"人法地，地法天，天法道，道法自然"的结果。

记得我小时候，祖辈老人夜晚看星星就能知道时间到几时几刻了，看星星就能知道季节，比如"天河东西，制得冬衣；天河南北，种得荞麦"等。当时是顾炎武所说"三代以上"的之后又过了四百年，那时农村还没有通电，夏秋夜晚，农家人坐在院子里，看看星星月亮，或谈今论古，或讨论农家事。那时大气无污染，天蓝星亮，老祖母领着孙儿，母亲抱着小儿女，就指着星星讲故事。所以四百多年前真的确"无人不知天文"。

中医的"内证实验"失传于何时?以我有限的阅读得出的答案是:汉代。为什么失传了呢？古代先圣先贤们都有心怀天下众生的崇高品德。在黄帝歧伯年代，当是"内证实验"比较普及的年代。我想那时肯定也有"家传"，老一代对新生代，从小时侯就培养其打通任督两脉，进而练习十二经"大周天"的运行功夫。非家传而要师承，在《黄帝内经·素问•金柜真言论》中有"非其人勿教，非其真勿授"的规定，就是对学医者"德"的考查是首要的必备条件。后来由于条件日好，人欲日增，内修成德的可传之人也就少了；同时病有专职医生诊治，社会分工使得练功夫的人也少了；但一旦练成能"内观反视"，当是社会精英了，必然受到社会重视。到汉代，武帝特重巫术，"方士"吃香，而这一时期真正的"方士"已很少了，所以就出现许多"假方士"，"假方士"使"真方士"的清名受到污染当是可想而知的了，这也导致了"内证实验"的失传。

医圣张仲景在《伤寒论》初起章节写道，"余宿尚方术，请事诸语"。这句话意思是，希望后世之人能够实践他的"方术"的内容。但是文章到此，没有了下文，每读到此处，就怀疑是不是被后世编撰者人把后面的文字拿走了？"诸语"的内容是什么？或许是因为假方士的作为令其停笔？或是内容太多还没有来得及写？若说全书其后的十卷二十二篇即是"方术"，那么张仲景这里讲的"方术"就不是内证试验方面的内容了，而是"临证处方用药之术"了。

4. 中医物理学畅想

4.1. 没有时间概念的中医物理学

物理学家惠勒说过："期望有朝一日将看到一种没有时间在内的物理学的新祭台的基础，目前物理学的基础结构注定要崩塌"。他认为这样的物理学家"他的伟大将高于玻尔和爱因斯坦，物理学并没有结束，它正在开始"。

按照爱因斯坦的广义相对论，光速是恒定的，只是在射向大质量、比如太阳那样大质量的物体时，才会发生弯曲。当物体以超光速运行时，时间会倒流。这道理很好理解，比如我们看到的太阳，实际上是 8 分钟以前的太阳，因为太阳到地球的距离是 8 光分，光经过 8 分钟到了地球，我们才能看到。如果我们眼睛的视线速度超过了光速，那么，我们就能看到 8 分钟以前的太阳。同时爱因斯坦又确认光速是速度的极限。地球上的物体是不可能以光速运行的，因为届时阻力将无穷大。

从光线在宇宙中不是直线前进，而是会发生弯曲这一被天文观测证实的理论出发，物理学家们设想宇宙会有"虫洞"，在虫洞里任何物体都以光速前进。这时就没有时间和空间的间隔，而实现了时空统一。

《淮南子·原道训》是这样定义宇宙的："四方上下曰宇，古往今来曰宙"。四方上下即空间，古往今来即时间，宇宙是时间和空间的统一。这种见解比爱因斯坦早了两千多年。"人体是一小宇宙"正是《黄帝内经》给出的比喻，人体也是时间和空间的统一，强身健体或治理疾病，都处处强调"法时"。

在牛顿的经典物理学里，时间是时间，空间是空间，我们一直认为我们生活在三维空间中。爱因斯坦相对论确立我们生活在四维时空中，第四维就是时间。当代的量子力学、量子场论、超弦理论已经确证了宇宙间暗物质和暗能量的客观存在，而这些暗物质和暗能量都是作等于或超光频运动的，在这一"隐形世界"里，时间和空间是统一的。

当代物理学所证实的"量子纠缠"现象，是 1982 年法国物理学家艾伦.爱斯派克特（Alain Aspect）和他的小组成功完成的一项实验："证实了微观粒子之间存在着一种叫作'量子纠缠'的关系"。在量子力学中，有共同来源的两个微观粒子之间存在着某种纠缠关系，不管它们被分开多远，都一直保持着纠缠的关系，对一个粒子扰动，另一个粒子（不管相距多远）立即就知道了。量子纠缠已经被世界上许多试验室证实，许多科学家认为量子纠缠的实验证实是近几十年来科学最重要的发现之一，虽然人们对其确切的含义目前还不太清楚，但是对哲学界、科学界和宗教界已经产生了深远的影响，对西方科学的主流世界观产生了重大的冲击"。说明量子之间没有时间和空间距离。当前，超弦理论正处于建立没有时间的物理学的起点上。

说起来，好象要实现超越光速运动，距离我们还很遥远。实际上我们每一个人，天天都在作超越光速的运动和实践，那就是我们思想里所运动着的物质和能量，我们脑力所做的功，都是在超光速的条件下进行的。

经云，"肺主皮毛"，我们的皮肤与大气交流的"炁息"和我们经络"超导"隧道所运行之炁，是不是超光速运行的？我们大脑里运行作功的物质和能量是不是在作超越光速的运动？其实我们每一个人都有亲身体验。

我们每一个人都会有想像，有思考，有未来的规划，当你思想时，比如一位建筑学家设计一座大厦，他可能会联想到祖国数百年前某古建筑，或澳大利亚悉尼歌剧院，或英国的王宫，或法国的埃菲尔铁塔等等进行参考，此时在他的思想里，没有空间距离，也没有时间间隔；再如当你思念某位逝世的亲人或朋友时，时间在您的思想里会倒流，回忆过去的事会如在眼前，情景如昨；当对未来进行某种规划时，思想在虚幻的世界里驰骋，同样没有时间和空间距离。这正是暗物质和暗能量在作功。

刘力红老师在其《思考中医》一书中，介绍了《脑内革命》这本书，讲人类常用的是左脑，称为"逻辑脑"，刘老师定义为"现代脑"；右脑称为"直觉脑"，刘老师定义为"传统脑"，又称"伏藏脑"，其中信息大都没有得到开发与利用。

在各种各样的思考中，一但出现了思维频道与神这一宇宙全息物质能量场某一频道同步时，就会和谐共振，调动出宇宙中客观存在的某一规律，以信息密码的方式与你的右脑中原本伏藏的信息密码融会贯通，相关的数论公式就会立即运行，解开密码，让你产生出奇迹般的领悟。许多诺贝尔奖获得者差不多都有这样的经历，那就是直觉让他顿然领悟，有了新的发现、发明或创造。

别说万物之灵的人，就是动物也有"伏藏脑"。俗云"良马配君子"，以马为例，一匹从生下来就没有见到过老虎的马，忽听到虎啸会怎么样？为什么会这样？按照形而下的唯物主义观点，他不可能是"先验"的，根本不会害怕老虎，没有吃过梨子怎么会知道梨子的滋味？但是事实上牠懂得怕老虎，说明牠的大脑里是有"伏藏"的。像这样的例证可举出很多很多。

在"心主"这一领域，超光频运动作功，在时空统一的条件下作功，与"神"同步，是随时随地都在进行着的。我们每一个人都有获得灵感的"直觉"库存，关键在于如何开发利用。

前面讲了我的读经典顺序，其实，除了少时家学能让我融会贯通医家经典，还有一个独特的原因，就是与读科学经典相辅相承。读医书的同时，广泛阅读关于物质组成、生命起源和宇宙形成方面的科学经典，有益于综合的学习与思考。

中医理论和当代科技前沿课题间的关系虽然是如此密切，特别是数学和物理学。但是物理学家们未必懂中医，中医学家未必懂当代科技前沿的课题，学科如何能够交叉起来？在此我想做个大胆的设想，权且称为"没有时间概念的中医物理学"吧！将"数学皇冠"为中医药学所用，在重视经典的前提下，将现代与经典对接，将"现代脑"的"逻辑思维"与"伏藏脑"的"直觉思维"有机联合，如此这般，假以时日，钱学森教授生前所预言的"中医领域的科学革命"一定能完成。

4.2. 两条理论基础

假设中医学和物理学的学科交叉于"没有时间概念的中医物理学"，那么，一定是天人合一与医易同源两大理论基础，支撑这一中医学和物理学的学科分支。

4.2.1 理论基础之一："天人合一"

中医讲"天人合一"，所谓"天"就是大宇宙、大自然。"天人合一"就是要"人与自然和谐相处"，是中医物理学理论基础之一。

中医比喻"人体为一小宇宙"，这在前面已作说明。一旦"神机化灭""气立孤危"，不能与自然和谐相处，就会如张仲景所言"厥身已毙，神明消灭，变为异物，幽潜重泉，徒为啼泣"。

《黄帝内经》以十二官来比喻五脏六腑，是整体、统一、和谐、最精减、最高效、最节约、有监督、有制约、损有余、补不足、和为贵、平为期、能保证生命体的循环往复，组织机构新陈代谢永无休止。

中医易有"否卦"：上乾下坤，即上卦，又称外卦，为乾，天也，下卦，又称内卦，为坤，地也，天在上，地在下。表面上看，这一卦象与大自然相符合，是切合实际的，但其实质却恰恰相反，是个十分不利的"象"，为什么呢？《黄帝内经》指出"本乎天者亲上，本乎地者亲下"。而"否卦"之象却是天永远在上，不亲下，地永远在下，不亲上，永不相交。比之于夫妻，则丈夫是大男子主义，不管什么事情都不与妻子沟通交流，实行家长制，一言堂，让妻子永远处于在下的地位，此家庭能和谐吗？比之于一个地方，官员高高在上不与百姓沟通交流，不了解民生实情，这个地方能治理得好吗？故其实质为"否"。

中医易有"泰卦"，上坤而下乾，地在上，天在下。表面上看，与事实不符，但实质上大自然就是这样的：天站在地的角度，地站在天的角度，双方互相"换位思考"，共同考虑与处理一切问题。天本乎地，地本乎天，天气亲下，地气亲上，则阴阳交泰，万物化生。比之于家庭则夫妻和谐，比之一个地方则政通人和。故其实质为"泰"。成语"否极泰来"也可借用在这里。

《黄帝内经》云："南方生热，热生火，火生苦，苦生心，心生血，血生脾，心主舌。其在天为热，在地为火，在体为脉，在藏为心，在色为赤"。其卦象为"离"，两阳爻中间夹一阴爻。"北方生寒，寒生水，水生咸，咸生肾，肾生骨髓，髓生肝，肾主耳。其在天为寒，在地为水，在体为骨，在藏为肾，在色为黑"。其卦象为"坎"，两阴爻中间夹一阳爻。

人体心居上而肾居下，火在上，水在下，火属阳，水属阴，阳亲下，阴亲上，阳降阴升，上坎下离，就是水火交济，即心肾相交，肾水温暖，坎中真龙潜藏，肝木条达，肺金平和，脾土肥沃，气血充沛，身体里艳阳普照，风和日丽，"天食人以五气，地食人以五味"， 仓廪充盈，少阳相火无过无不及，小肠受盛丰厚，大肠传导通畅，膀胱津液不泛而普溉四末，则身体健康，精力充沛，此卦象为"既济"，上坎下离。反之为"未既"，心肾不交则病生，甚至危及生命。

中医讲"木生火，火生土，土生金，金生水，水生木"及"木克土，土克水，水克火，火克金，金克木"，对于这一众所周知的五行相生相克理论，有中医著作评论这是"矛盾双方对立统一"的关系，我不以为然。内经上讲"相生以补其不足，相克以制其有余"，"相生则和，相克则平"，是相互关怀、相互制约、协调一致的"对称和谐"关系。

人体的五脏六腑之间根本不存在矛盾和对立，一旦发生矛盾和对立，非生病不可，例如肝木不受肺金的制约，木反凌金，则咳喘、中风等症就会发生；木旺土贫，则可能出现脾胃虚弱不能运化五谷，下利清谷；相火太过，胆汁不降，寒热往来，口苦咽干等等。只有五行相生以补不足，相克以制有余，和谐一致，才能百病不生。

北宋时期，宋神宗下诏，命令儒臣校正医学典籍，那一朝的三位官员高保衡、孙奇和林亿先后校定了《伤寒论》、《金匮玉函经》和《金匮要略》，并形成相应的校定版。在《金匮要略方论序》结尾处，三位合作者写道："颁行方书，拯济疾苦，使和气盈溢，而万物莫不尽和矣"。校医书，目的就是教化众生与自然和谐相处，人与自然和谐相处，是中医物理学理论基础。

4.2.2 理论基础之二："医易同源"

中医理论与中华传统文化血肉相联，密不可分，是中华五千年文明核心观念的重要组成部分。优秀的传统文化离不开中医，中医理论也离不开传统文化，一但中华传统文化受到破坏，中医必被牵连而受害，近代一百多年来的历史已表现出了这一特征。

先古圣贤们通过观天与测地，即夜晚观测星辰的运动规律、白天立标杆观测日影变化的规律，从而确定年、月、日、时运行规律及对人体健康的影响。我们现在所使用的夏历（即农历）、二十四节气（即立春、雨水、惊蛰、春分、清明、谷雨、立夏、小满、芒种、夏至、小暑、大暑、立秋、处暑、寒露、秋分、霜降、立冬、小雪、大雪、冬至、小寒、大寒）的编排，在禹夏时代就已经使用了，现在依然是指导农事的"老黄历"。禹夏时代编撰传承《黄帝内经》的医家们，手中有《黄帝内经》更为原始的版本，这在前面的章节里已经谈了。

对于"易"最早的思想来源，我们华夏儿女口口相传的是，易经就是伏羲始创的八卦图，其实，关于《易经》成书时期的准确性无从考证，但"易"理和"中医理论"无疑都是上古时期先圣们取得的"科研成果"。

上个世纪 80 年代我开始研读中医经典的时候，手边除了《说文解字》，还有古籍社版本的《系辞传》，两本都是当作工具书来用的，当时围绕解读《易经》出版的书籍，已经可以用汗牛充栋来形容了，但读易经，必须要依靠孔老夫子的读书笔记带路方可避免误入歧途。

《黄帝内经》更为原始的版本，与孔子编撰"易经"时所采用的文献资料一样，是中国古圣先贤们历经数万年探索与研究而积累起来、留传下来的，用的是比甲骨文更为古老的文字或符号，但在当时是可以被人们完全看得明白的，所以是能够通行的。

因此，从文献考据学角度看医易同源，"中医"与"易"的理论体系早在黄帝时代就已相继基本完备。又经历了两千多年的不断补充、提高与完善，到春秋战国时期，当世医家集中编写《黄帝内经》时，只是作文献资料的收集、整理、校勘、编辑等等方面的工作，如同孔子著"春秋"与"易经"，"述而不作"，陈述传承古代文化而不进而创作，也就是说，孔子认定自己所作的是"文化传承工作"。诸子百家从不同层面吸收了中医文化的营养，如同儒家学说以"易经"为群经之首一样。

4.3. 物理学为体，现代化为用

对于中医药现代化的说法，我没有考证过是何时何地何人最早提出的。有济春堂第五代传人告诉我，中医学院中西医结合专业的学科建设背景，就是中医现代化。

早年我对中医现代化的理解比较狭隘，顾名思义，是将现代科技成果应用到中医药领域。事实上，中医现代化内涵丰富，不仅仅止步于现代科技的赋能与加持，需要进一步探索的是中医药本身的物理，对中医药本身的物理进行挖掘与光大，在此基础上把临床研究搞上去。

在《邓铁涛寄语青中年中医》一书中，邓铁涛教授指出，现代系统论、控制论与信息论理论都证明中医是一门早熟的超前的科学，对这样的一门科学，我们应该以自然物理为体，以现代化手段为用。

也就是说，中医药现代化是战略，具体的道路策略则是物理学为体，现代化为用。

物理学为体，包括二个层面，首先是对中医药传统文化的认知与传承。打个比方，牛顿经典物理学，在"微观"、"渺观"与"涨观"世界里，早已经被量子力学和相对论证明是片面的，但其符合"三维空间观"的物质运动规律，《从一到无穷大》书中讲道，以我们现在所能达到的物体运动速度，比如以第三宇宙速度运动，空间仅收缩一个氢原子的半径那么大，这样的误差当然是极其微不足道的。爱因斯坦以"四维时空观"建立起来的的时空相对论，其在生活场景中的普及程度远远没有牛顿的经典物理学那么高，与此同时，爱因斯坦的"四维时空观"进一步推动了人类的现代化进程，高科技以惊人的速度向前发展。

中医是完全建立在"四维时空观"基础上的，先圣们对"宇宙"的定义是"上下四方(空间)谓之宇，往古今来(时间)谓之宙"，并肯定我们生活大地是"大气举之"的。中医的"四维时空观"与爱因斯坦的相对论完全一致；其五运六气与宇宙天体运行规律一致；其经络血脉真气论与量子场论一致等等，中医理论基础与现代科技前沿同构。

回到邓铁涛教授所指出的中医现代系统论，众所周知，中医是医药不分家的，生生不息几千年的中医，是"医药研"三位一体的。中医、药材与研发三位一体化，是中医药科学的本质特征之一，在历史的发展进程中，中医和其用药及其方剂的研究创新，三者从来就没有分开过。《伤寒论》就是医圣张仲景、药、组方临症研究不分家的杰出代表，后世医家的著作也都是将这三个方面一体化展开论述的，医药研三者不分家。

不懂药性，不会处方的中医是不存在的；不会自己动手炮制药材的医生称不上好医生；不会灵活应用汤、散、丸、膏、丹等剂型的医生是不称职的；不会针、灸、按摩、拔罐、导引、熨、冷热敷、浴、刮沙等非药物疗法的医生是技术不全面的，会其中一技者可称为某项专职医生。

西医则不同，医是医，药是药，研发是研发，三者是不得不分家的。以一名医学院临床医学专业的学生来讲，临床学习是以人体解剖学为基础的，注重的是人生理和病理方面的化学变化过程。这名学生不可能去学制药，因为制药是化学合成及相关机械设备方面的学问，属于不同的技术领域。若要二者兼得，学制时间可能会很长很长，你不仅要学习当医生的全部知识，还要学会制药所用各种机械设备、仪器仪表的设计与制造，化学合成工艺，动力安全技术等等。毕业后也不可能又当医生，又开一间自己的制药厂，因为西药的种类及其相关制造设备仪器太多了，你根本做不到把所用药都自己生产出来；若搞制药厂，你也不可能有自己的西医院，因为医院所用的检查与化验设备仪器也多得不得了，就是生产一种西药也就够你忙活的了。再则，当西医没有必要会制药，制药企业也没有必要懂医，两者是不同的行业，制药属化学工业，是加工制造业；医生属服务行业，是第三产业。所以西医的医药分家是其本质属性决定的，想不分家，也根本做不到。此外，西药的研发周期很长，因病菌病毒产生抗药性而被淘汰的周期较研发周期还要快，所以不仅医药必需分家，而且其与药品研发也是要分开的。

中药的种类虽然不比西药少，但除一两味合成药以外，基本都取自天然。"药食同源"，你会做主食、会炒菜，主食你还会做出米饭、馒头、包子、饺子等等不同的主食，炒菜更是会炒出各种不同的菜，鸡鱼肉蛋时令蔬菜都可拿来做原料。以此类比，中医医、药、研一体化，创新空间很大。

我从小生活在充满药香的家庭环境中，对中药的炮制印象极深。济春堂药房里有酒、醋、蜜、糖、盐、碱等，工具有药碾、药刀、药碓、药筛、药锅、罐、铲、盆、炉等。每种药原料采摘回来，或者从外地买回来，该洗的洗，该切的切，该浸的浸，该炮制的一一依法炮制，该做成丸药的就用蜂蜜将碾成并过筛的细药粉粘合，再做成丸；该做成散的就散包装；该熬成膏的就文火熬之或加蜂蜜，或加阿胶，或加精粉，或加饴糖，皆按方行事。手工中药工艺之精细，比做饭炒菜更讲究"刀工与火候"。

当前，由于尊重中医药规律的治理体系不健全，使中医在医药研一体化发展过程中，出现了一些常识类的错误。

比如四逆散，是调少阴枢机的常用方，加减应用得好，可以治很多种病。从张仲景在《伤寒论》中记载起，中国人也用了两千多年了。有一次我去某中药店买四逆散，希望店方把四种药材混合在一起给我打成散剂，店方说："老先生，这四味药，我可以一味一味地磨给你，但是，一来你这每一种药材的分量不够粉碎机垫底的，磨出来都倒不出来，二来，四种药材混到一块儿打给你，那我们就是制药了，性质不一样，出了问题你会不会告我们制售假冒药品?"。

以物理为体，现代手段为用，中药的研发，同时可以从中药的炮制工艺技术、成套设备和中成药制造工艺技术、成套设备方面来着手。把西药现代化生产用的那一套以理化提纯工艺技术和设备为主的路线，改变到以全药加工应用为主的方向上来，应用现代无毒保质包装技术，增加膏、丹、丸、散等成药品种。

《伤寒论》中的 112 个方子，每个方子都附有有制备方法。现代人的工作与生活学习的节拍快，没有那么多的时间用于中药的煎制；同时现代的饮料行业对饮料的包装技术越来越讲究，也越来越方便与实用，比如易拉罐包装，能不能引进到常见中成药的包装上来?比如桂枝汤、麻黄汤、大小承气汤、柴胡汤、白虎汤、青龙汤等，按医圣要求如法炮制，然后罐装并标明处方、适应证、禁忌、服法、生产日期、保质期等等应该标明的所有内容，供病人选择使用。再者，单味药可以做成"散"剂，需加味时，可以将"散"直接冲入到罐装成药中，加热后即可服用。

一个不得不面对的事实是，当前的中成药，都或多或少带有西化的影响，就连告知消费者的广告，也用西医的语言来讲述中医的故事，那自然是讲不好的。当此之时，本土药企迫切需要根据"医药研"三位一体的思路，走出一条建立在六千年中医药临床经验之坚实基础上的中医药现代发展之路。

5. 自医医人亲历记

5.1. 半生抱憾

　　每读中医著作，幼时旁听家父论医的情景便历历在目，其许多论述言犹在耳，仿佛跨越半个世纪的时间与空间，和当今主流中医学共鸣共振，常常令我百感交集。例如邓铁涛老生论及中医把人视为整体，讲求天人合一。家父也经常强调"天地以寒热、温凉、燥湿、风霜、月之盈亏、日之晴阴等等有象的表现，管束着人类的活动。天地同时也有许多无象，就是人们看不见、摸不着的管束，阴阳转化，五行相生相克，这些不能视为迷信，人要趋正避邪以免灾病"；又强调"中医技艺，贵在临床"等等。

固始县济春堂九思堂二代传人田春雨，字泽轩（1897-1961）

我父亲田春雨，字泽轩(1897-1961)，诞辰农历丁酉二月十五日，忌日农历辛丑正月十八日。一个人的命运，固然离不开个人奋斗，但与历史进程息息相关，家父一生操劳歧黄之术，但青壮年时期生逢乱世，行医生涯屡经坎坷。前文提及那位主编日本汉方医学经典著作汇编《皇汉医学丛书》的香港人陈存仁，就是当年抗议国民政府"废止中医案"的赴南京请愿者。解放前国民政府一度废止中医，解放后父亲以极大的热情投入到新社会的建设中来，但好景没几年，晚年又赶上极左路线时期，基层医药卫生管理部门将阴阳论五运六气归入"宣传封建迷信思想"，记得当年家父与公社卫生院董姓院长争论时说"治病本四时，与农民种庄稼在大道理上是一样的。""一个不懂得二十四节气的农民，能种好庄稼吗？能是一位称职的农民吗？"

然而，中医是最讲临床效果的，即使被看作搞封建迷信活动而被批判，即使被董姓院长以阶级异己份子为由"清洗"回家，去乡卫生院找父亲诊病的人，转到我家里来找父亲诊病开方。但没持续多久，蒙不白之冤的父亲身体垮了下来，离开中医，离开病人，离开了这个世界。

家父重养生之道，加之田家历代长辈"都有长寿基因"，理应长寿，但却仅享64天年，唯一原因是"真气不保"。在极左路线农业大跃进之后的1958、1959、1960三年，发生了河南信阳地区饿死一百多万人的大饥荒事件。——在信阳地区的民间记忆和后来拨乱反正的史料中，这场大饥荒事件被叫做"过粮食关"。——那时，父亲以其仅有的每天八两

152

口粮，还要顾及在农村的合家老小，"过粮食关"把他老人家的身体饿垮了。

当年，父亲被乡卫生院董姓院长以搞迷信活动为由"清洗"回家，任何手续都没有。及至粉碎"四人帮"后平反冤假错案，父亲的档案却怎么也找不到了。当时济春堂二代传人、我大哥已摘掉地主份子大帽子，历经沧海桑田的九思堂和济春堂恢复开业，我也从被群众专政的技术黑帮而成为工厂的劳动模范，以总工程师身份全身心地投入到信阳柴油机厂技术升级改造的工作中去。父亲晚年蒙冤之事，哥嫂们一直在瞒着我，直到2005年11月12日我回老家时才明了实情，真令我感到痛心疾首，为没能尽到人子的责任而深感负罪。

父亲远近闻名的歧黄之术，德荫后代。遗憾的是，受制于当年交通和信息的不畅，其"铁杆中医"的医术只能造福方圆数百里地内外的乡亲，而医案却未能尽数以文字留存，目前经我二哥、也就是第三代济春堂传人田开学之手留下来的医案，只是其中极少的一部分。后来我在整理田家医案的过程中，遍访了四里八乡的乡亲，寻回一些家父当年的方子。

家父古汉语功底深厚，重"易学"，书法善楷书。幼时见家父开方笔记，皆蝇头小楷，如石印一般。父亲读中医经典，注重临床，病人至上。我母亲生前曾向我讲，不管刮风下雨或隆冬霜雪，也不论炎午寒夜和路程远近，只要有病人家属来请父亲出诊，他老人家总是有求必应。有时在冬夜出诊回来刚刚睡下，又有病家来请，母亲答曰"还没回来，不在家"，而父亲总是立即回答说"在家，在家！"

父亲要求随他学医的子女，熟读《黄帝内经》、《伤寒论》、《温疫论》和《金匮要略》，这和邓铁涛老所要求的青年中医要熟读的四大名著《黄帝内经》、《伤寒论》、《温病条辩》和《金匮要略》，只有《温病条辩》一书是不同的。家父强调辩证论治一定要"九思"，处方要慎之又慎，要"清一色"。

家父对于"清一色"的解释是：中医主张急则治其标，缓则治其本，最终是要把病根除掉。无论治标或治本都要求处方用药集中于这一剂药的主治方向，君臣佐使都是为这一主治方向而设计，精而当，清一色。不能因病人有点咳嗽就加点止咳药，有点干结又加点通便药，一个药方用药一二十味，贪多而滥杂，不清一色，定是庸医。

随着学医深入，我渐渐明白了处方有时得有反佐，例如温热药队伍中加一两味寒凉药；就是臣药有时也得选"诤臣"，以防君药力量过峻，因此，对家父所说的"清一色"曾不理解。后来读刘力红博士师从卢崇汉先生后出版的《扶阳讲记》，一位 55 岁食道癌患者术后 5 年转移溃疡的病患案例，其首方是：

制附片 75 克（先煎）、生白术 15 克、砂仁 20 克、陈皮 15 克、法半夏 20 克、朱茯神 20 克、黄芪 20 克、当归 15 克、党参 30 克、干姜 45 克、炙甘草 10 克。

卢师评论此病"唯保固元气，以图万一"，因患者脉无根。指出方子一杂，纳下的力量就会变弱。法夏、朱茯神、党参、当归先可不用，方子清纯一些好，力专则效宏，一加当归，变到气血上去了，浅了一个层次；去归加巴戟天、菟丝子就从精气上着眼。这么一改，处方变为：

制附片 75 克、生白术 15 克、砂仁 15 克、黄芪 50 克、陈皮 15 克、生晒参 10 克、杭巴戟 20 克、菟丝子 20 克、炙甘草 5 克、生姜 60 克。卢师进一步指出癌证的疼痛主要是阳衰内寒所致，寒则凝滞，气机不畅，可用台乌、元胡，进一步可用乳香、没药，但要注意药性耗气的一面，首选台乌，耗气的作用比元胡小一些。痛一但严重，致心神不宁，卧起不安，不能正常生活，则元阳无法安本位，就有痛脱休克的危险。

读了这样的名家真言，才明白父亲所谓的"精而当，清一色"就是主张方子要"清纯"。

本人小时在家，整日闻药香，经常在药房内看父兄和姐姐制药，有的用酒炒，有的用蜜焙，有的切成小片片，有的用药碾子磨成粉，多种药粉混合到一块儿，再做成小丸丸。记得有一次，有位全身浮肿的病人，被其家人抬着送来。父亲将其安排在一间屋内住下，处方用药时，发现病人进药呕哦，很是着急。病人家属说病人平常爱吃薄脆饼，于是将所用之药碾成面，做成薄脆饼，病人当点心用，效果立显。病人回家调养时，家父为他用药做的薄脆饼有煎饼那么大，堆起来比我当时的个头还高。可惜的是因当年破四旧，家父墨宝一点也没有留传下来，

我记得当时父亲有一本封面上写着《医易》二字的笔记，每页都画有多层同心园形图案，标明东西南北六十四方、及

天干地支、八卦卦画，旁边配小楷笔记，现在想起来，定是关于运用五运六气方面的读书笔记。

上个世纪五十年代提倡"改造中医"时期，有一次父亲私下对我讲：现在这些由中医改行为西医的人，都成了"潘金莲"了，"潘"诣音指"盘尼西林"，"金"指"金霉素"，"莲"诣音指"链霉素"。也就是在那个时期，谁也不愿意跟人说自己是中医，父亲那时备感失落。

我大哥84岁病故，行医60载，期间很长一个时期是戴着"地主分子"的帽子作村医，完全是群众拥戴，病人离不开他。大哥病故时，四里八乡数千乡邻自发为其送葬，场面感人，病人和医生的故事，每每催人泪下。我三姐是药剂师，2007年81岁，仍能操持家务劳作，我那时经常听她说，"现在的中药成色差多了，假药太多，份量也不够。"九思堂到了第三代、第四代、第五代传人，中医药发展迎来了春天，希望他们一代胜过一代，在中医药科学的宝库里不息探索与追求。

固始县济春堂九思堂第四代传人田文铎、田文锋、田文邦及第五代传人田运帷等在吴其濬故居门前留影

济春堂九思堂四代五代传人和吴家表亲周诗宰等,在固始县吴其濬文化园像前合影

5.2. 三个案例

5.2.1. 从 5% 的希望到完全康复

　　我的大外甥媳妇一向身体健康，2008 年 72 岁那年的 3 月 4 日，因胆结石病住进县人民医院外科病房，上午检查，下午即实施了胆切除手术。接下来，这个小小的胆结石手术引发了一系列问题。

　　我后来查看病历，病患术后开始注射抗生素头孢拉定，注射量为 12 支，5 日，病人出现昏迷，医生怀疑是脑溢血，会诊，又有医生说四肢没有僵硬，不是脑溢血，掐人中穴，病人又醒过来了；6 日，病人没法小便，于是又加大输水量和利尿药，再化验；8 日，确诊为"尿毒症"，肾功能衰竭，下病危通知；9 日，将病人由外科病房转入内科病房进行透析，每日仍注射头孢拉定 12 支。

　　我大外甥是村干部，不懂医，他问医院院长，"我们 4 号上午手术前检查身体，什么问题都没有，下午切个胆结石，咋切出这么多病？"院长说："是病人又得的病，比如有的人在打麻将，打着打着忽然得病就死了"。

　　那一天，在医院办公室的报刊架子上，河南《大河报》上就有这样一篇文章讲抗生素的危害，文中写道："头孢拉定 50 岁以上的老年人不建议用，用了会严重影响肝、肾功能。"我大外甥就把报纸给内科的王主任看，王主任说："报纸都是宣传。我给你用抗生素，是病人的伤口还没有长好，不消炎的话，感染了谁负责？白天注射，晚上透析又给透析掉了，不会有不良影响。现在病人是严重肾功能衰竭，只有20%的希望了"。结果透析了三天，费用花了6000多元。

更让人气愤的是，转入内科病房后，病人又被重新作了一次CT检查，其中一份CT报告单上竟然写道："胆囊大小正常，胆壁光滑"。我大外甥马上找院长问："胆切除手术都做了，现在胆却还在？是怎么回事？"院长又叫人复查，但这时病人已经不行了。

得知这一消息时，我在北京出差，我马上在电话里告诉我大外甥："马上用四逆汤，重用生附子30克，干姜甘草各15克，另加茯苓15克，煎药时间不少于1小时，煎取浓汁服用。另备蜂蜜或绿豆汤，一旦病人有不适，即服用以解毒"。那时我刚刚读完《李可老中医急危重症疑难病经验专辑》一书，添加附子抢救危急病人的方子，就是书中教的。

当时，县人民医院已经下了结论："再怎么治，连5%的希望也没有"。你看，头一天说是20%的希望，第二天就只剩5%了！13日，在服用了我偷师李可老先生用附子开出的中药方剂后，大外甥打来电话说："很有效，已尿血大约200毫升，四肢由冰冷变回暖和状态"。

放下电话，我又给"济春堂"第四代传人、我的六侄儿田文铎发信息："改用真武汤加减，重点回肾阳、救逆、保中土脾胃"。文铎煎好药随即赶到县人民医院后，病人已醒转，并且吃了一点稀粥。文铎在用真武汤（加有人参）的同时，又用大黄汤加蜂蜜为病人灌肠通便，就这样，大小便一通，次日病人就完全好了，可以正常吃饭，大小便正常。至

17 日检查，心、肾功能等全部正常。那位王主任说："真是出现奇迹了"。

经历此番折腾，大外甥媳妇虽死里逃生，但也落下了眼睛视物不清的后患，这是因为在胆切除后，胆这一"清净之腑"受到重创，胆经不降；而大剂量抗生素伤肾又伤肝，"素喜条达"的肝经被郁，目为肝窍，则视力必然受到影响。后来我嘱以小柴胡汤加减以和解少阳，视力慢慢康复。

半年后的 9 月中旬，大外甥来电话说家里正忙着秋收，大外甥媳妇身体很好，眼睛视力也有所恢复。那时刚过了白露节气，秋天万木开始养藏，"天人相应"，人体的肝木与自然同步，原在春天被郁肝木随着季节变化而得到缓解，肝气郁得解，作为肝窍的眼睛视力也必然有所恢复。我建议他在大寒节气过后，再以舒肝利胆之剂来和解少阳，促进视力更好地康复。

5.2.2. 运用《伤寒论》经方的体验

医圣张仲景告诫后人，不要"赍百年之寿命，持至贵之重器，委付凡医，恣其所措"。就是说不要将可以活到很长久的寿命和最宝贵的身体，交给平庸无能的医生，任凭他摆布处置。

2009 年 6 月我去广州，26 日，先是左眼发红发痒，然后眼睛视物突然不清，在视野内显示许多波浪形闪烁变幻不定的、如同许多飞翔的虫子那样的东西。一惊之下，我立刻命令自己安静，闭目调息，同时用手指按压胆足少阳经上的光明穴。回想由北方中原郑州来到南方城市广州，期间又应朋友之邀去了粤北曲江，因此自诊为年高气虚，奔波劳累，又因热天到处空调，寒热交杂，在曲江调解朋友之事，动过怒气，肝气不疏。我自处方以党参、黄芪各15克、蔓荆子、决明子、蜜蒙花、葛根各10克、升麻5克、黄柏6克、炙甘草3克，到中药店取了三剂，服用一剂后红痒证就消失了，第二剂后荃愈，第三剂就没有再吃了。

有一次我感冒了，低烧38.2℃，咳嗽得很历害，老伴和子女都要求快去医院看。我说："我自己连个感冒都治不好还学什么中医？你们尽管放心，我的胃气没败，照样能吃饭，怕什么？我要先调用自身免疫力抗一天。"第二天，咳嗽还是不停，晚上咳得难以安睡，这才用桂枝加厚朴杏子汤原方，到药店取药三剂，吃了一剂就烧退身安，两剂病愈，第三剂就没再用了。

由广州回到郑州后，我分析是因为广州室内空调太冷的原因，造成左臂痛及肩胛，起床时连翻身都十分困难，我发现疼痛沿小肠手太阳经为重，于是依次用左手按压右手，以右手按压左手的少泽、后溪、阳谷，继取督脉上至阳、胆足少阳经上的阳交、膀胱足太阳经上会阳等穴，自己实施按摩，约20分钟后，疼痛消除。

我年轻时在工厂做总工程师，夜以继日地搞技术改造，身体亏欠很多，退休以后走路稍远一些，比如两三百米时，就感觉下肢沉重，抬举费力，小腿部痛疼，"人老先从腿上老"。我算是领教过了。出现这种情况，我就用《伤寒论》

161

和《郝万山老师讲伤寒论》两本书中的办法，用"加味芍药甘草汤"：赤芍15克、白芍15克、炙甘草10克、伸筋草10克、木瓜10克、当归15克、炮附子10克、牛膝10克。日服一剂，两服后走路便觉得腿不是那么沉了。

《伤寒论》中的"芍药甘草汤"只有两味药，《郝万山老师讲伤寒论》中对此方进行了加减。郝师讲"芍药甘草汤"又名"弃杖汤"，他用的是白芍30克而没有用赤芍，郝师讲，"凡是有胸闷的张仲景都不用白芍"，而我以前有胸闷症状，现在虽然已经好了，但还是担心复发，故减白芍用量，改加赤芍15克，另加当归15克以补血，借助其合力，"血为气母，气为血帅"，行气通络。

一般的小病，应是"一剂知，二剂已"。此方三服后，我根据自身畏寒，小便黄，有肾结石病史，去木瓜、当归，加威灵仙15克以祛风湿散寒，佐杜仲、仙灵脾、菟丝子各9克以鼓舞肾气，两剂后病除。

我单位有位刘会计，高血压，常年不离降压药。2008年4月29日，脚和下肢水肿，肿得鞋都穿不上。经CT等一系列检查，诊断为肾功能衰竭，要他住院治疗。刘会计家在郊区农村，家庭负担重，考虑住院得花大钱，便找到我给他先开一服中药试一试，看能不能消肿。

我诊其脉，总体上沉，左寸沉紧，左关较寸脉又强一些，中取脉顶中指很有力，左尺特别弱，按至骨隐约如极细的棉线头，似有若无；右三部要好得多，尺部亦弱，但基本是较正常的脉象；舌胎白腻，舌胖，边有齿痕；问他，果然是小便不利大便溏；自述高血压经常头痛，痛时总要用手向上拽拉头发才能感到好受一些；我观其面部气色偏黑，说话显得底气不足。

我辨其证，是肾阳虚衰，足少阴肾经坎水不能上达与离火相济，手厥阴心包经相火得不到肾水交济而上越，头为诸阳之会，其头痛属实实在在的虚火上蒸；肾阳虚衰，膀胱气化失司，故小便不利，大便溏；肾水不温，膀胱不能气化，水湿下陷，造成脚与下肢水肿；其脉象说明主证是要健肾阳。于是，我给他开了真武汤加味：

茯苓 16 克、白芍 16 克、白术 10 克、附子（炮，去皮）15 克、泽泻 10 克，加生姜 6 片，煎取浓汁服用。

5 月 8 日，刘会计跟我说："你让吃三付，我觉着对症，吃了四付，现在肿已全消了"。一看确实全消了。再诊其脉，左尺原来似有若无的情况已变成沉取可得，但依然濡弱，我不能不感叹中医脉诊实不欺人也！唯左关中侯顶指没有什么变化；舌胎白腻但已见不到齿痕；自述小便有好转，但排便不顺畅，大便溏；口苦咽干。辩其证应有肝气郁，胆经不降证，但不是主证，虽然肿已全消了，但重点依然是重在促进肾气复原，思之再三，我再处以附子理中汤加味：

附子 20 克、茯苓 15 克、白术（土炒）30 克、党参 15 克、炙甘草 15 克、干姜（炮）15 克、仙灵脾 12 克、补骨脂（盐制）18 克。依然建议服三剂。

5 月 12 日，再诊其脉，左尺已沉取可得，比上次又明显增强，但细弱；口述感觉脐下好像有一股气在动。辩其证应是肾气正在恢复中，因有肝郁证状，致使中焦气机不畅，本欲用小柴胡汤加减来和解少阳，但是考虑到还是要以治疗主症为务，于是将上方干姜改为生姜，附子加至30克，又处三剂，嘱其在上午服用；同时又按《伤寒论》第65条"其人脐下悸者，欲作奔豚，茯苓桂枝甘草大枣汤主之"，处茯苓40克、桂枝20克、炙甘草15克、加大枣5枚，嘱其在下午服用。

15日，刘会计已消肿的下肢肿症又有所复发，是在三阴交穴位处肿，面积约6平方厘米，呈鸭蛋形状。问其原因，说是前两天脚刚消肿就回家割麦了！他家的地是靠天收的山坡地，那年春天雨水少，小麦只长有一尺多高，一亩只能收两百多斤，收割机用不上，只得靠人力。我说你这肾功能差的病，在我们老家称为"富贵病"，意思是不能干重体力的活儿，一定要静养才好。他说："自从吃了你开的药以后，降血压的药我再没吃了，头痛想拽拉头发的症状也完全没有了，所以我才干农活的"。

经此一劳累，刘会计三阴交穴位处肿，三阴经络不畅，仍然是肾阳不足使然，其左尺脉弱就是明证，自述早起时有想呕吐的感觉，吐出来几口清水，又口渴。联系《伤寒论》第40条小青龙汤证，师言"有是证，则用是方"。处方：炮附子30克、茯苓20克、芍药、干姜、炙甘草、桂枝、五味子各15克、半夏20克，加生姜6片、大枣6枚。刘会计服三剂后，三阴交穴位处肿全消，为壮肾阳，鼓舞肾气，完全恢复先天之本，继续处方为：炮附子30克、茯苓、炙甘草各 20 克、桂枝 15 克（桂枝甘草利心阳）、白术 15 克、砂仁、白蔻仁、淫羊藿、补骨脂、兔丝子、枸杞子各 10 克，加姜、枣煎取浓汁服用。

上方服六剂后，方按小柴胡汤加减来和解少阳：柴胡 10 克（郝万山老师讲，柴胡用于和解少阳用 10 克足够了）、赤芍、白芍各 5 克、枳实、炙甘草、茯苓各 15 克、黄芩、陈皮、焦山楂、生山楂各 10 克。此三剂后，刘会计痊愈了。

痊愈后的刘会计成了我的"粉丝"，逢人便说中医，逢人便讲中医，还让我继续给他开补药，我说："治病的药好开，补药不好开，弄不好会补偏了，补偏了就是补出新的病来了"。

当年 6 月，他家郊区房子拆迁，家里有一万多斤存粮，都是父母因年轻时饿怕了，坚持要存的。这一万多斤粮，他装袋子、再一袋一袋地装上人力车、拉车、卸车、堆放。到临时租的房子运输距离有三四里，他父母要求房子的木料和旧砖全都一块一块拆下运到租的院落里。忙了一个多月，到 8 月又开始在父母家宅基地盖房。这期间他说身体一直很好，干重活没再出任何问题。

反思这一个病患，病发于春夏之交，病人之脉也明显有肝气郁结，胆经不降之象，口苦咽干也是佐证。但我没有首先调肝，是因为戊子年司天之气是少阴君火，阳明燥金在泉；中运是火运太过。其时主气二之气也是少阴君火，三之气是少阳相火；客气二之气是厥阴风木，三之气与司天之气相同，这样的时象结构，对肝木气虚者有利。"实则泻其子，虚则

165

补其母",认定其肝郁非实,根据的是"乙癸同源",即肝肾同源,其主证是肾水虚,肝木之气何实之有?火气壮其母,有"神"助,故不应作为主证,而以先天之本为主;在"火"为主的运气时象格局下,肾水不足,不能滋养肝木;肾水不暖,不能上升交济相火,既济成了未既,极容易出大问题,所以必需首先"治理肾水"。所谓的"抓主证"正是此意,治病求本,才能从根本上治好。

5.2.3. 治疗癌症的一件往事

有一次,我和当时仍在世的80多岁的二哥和三姐一起,忆起先父和大哥的行医往事,对中原地区人多发的"食道、胃、肠癌症"的治疗曾有显效的尝试。二哥找出他记录的医案,是以治疗脓疮外用中药如砒石、麝香、元寸等,以毫克量,根据辨证配四君、或六君、或四君加香砂、或八珍、真武、白虎、大小承气、大小青龙等经方加减进行治疗,有一定的疗效。

二哥记录的这个医案,让我记起1974年我在信阳光山县电厂所经历的一件事情。

当时,光山电厂用的汽轮发电机组,是二战时期美国和加拿大联合制造支援前苏联的。1946年苏军打败日本关东军后,该机组迁到大连,1970年再迁到河南光山建电厂,原始技术资料全部丢失。1973年大修,10月试车时将调速系统损坏,无法修复。

1974年春,我从"地富反坏右叛徒特务反革命"集中改造地，被派往光山电厂解决这一技术问题。光山县当地领导重视技术人才，把我这个技术黑帮专政对象待为上宾。时任电厂厂长的夏如友同志正患有胃癌，他时常抱病陪同我工作。我见他吃的一种药，装在一大只带盖子的玻璃瓶内，每次服一汤匙，一日服三次。他告诉我说："这是用炒过并碾碎的黑芝麻和红糖加少量毒药，就是治毒疮的外贴膏药里配的拔毒排脓的毒药制成的"。

原来，光山县邮电局有位邮递员患了胃癌，因为自己服自治的这种药痊愈了，光山县革委会便将他调到县人民医院当工农兵医生，他到任后收治的第一位胃癌患者是一位老妇人，没料到第一次服这种药后就被毒死了，于是这位上任不久的工农兵医生被停止了医生资格，到医院药房任保管员。而夏厂长所服之药，就是这位邮递员医生给配的。我到光山电厂时，夏厂长已服用了三个多月，胃癌基本好了。

我在光山县电厂完成任务回去后，还与夏厂长有联系，他说他的胃癌经检查已完全好了。这是将近五十年前的事，也算是一个中医单方治大病的案例，但为何这个单方，对甲有效，对乙无效？当事人均已作古，谨记于此，或能有单方参考价值。

5.3. 村医之苦谁人解?也留喜乐在心田

三十多年来，除了读书，我的时间几乎都用在收集九思堂医案上。每次回乡，我都会抽空去县镇的医院和卫生院走走，和熟悉的医生们交流。在我的读书笔记中，记有一段2007

年春节回乡，我与一位村卫生室医生(他)交谈的纪录。

他："西药治病来的快，中药疗效慢不说，医院也挣不到多的钱。"

我："说中药疗效慢，那是因为你对中医不了解。"

他："西医对人的身体了解到分子，每个细胞都了解得一清二楚，中医不行！"

我："其文简，其意博，其理奥，其趣深，天地之象分，阴阳之候列，变化之由表，死生之兆彰，不谋而遐迩自同，勿约而幽明斯契，稽其言有征，验之事不忒，诚可谓至道之宗，奉生之始矣。假若天机迅发，妙识玄通，蒇谋虽属呼生知，标格亦资于诂训，未尝有行不由径，出不由户者也。然刻意研精，探微索隐，或识其真要，则目牛无全，故动则有成，犹鬼神幽赞，而命世奇杰，时时间出焉"。

我早年读唐代启玄子王冰，对其注《黄帝内经》的序言，过目难忘，多年下来都能背诵，我便长篇背诵给这位年轻的村医听。我跟他说，中医疗效一点也不慢，反而"拨刺雪污"，"一剂知，二剂已"，"覆杯而愈"，就如同王冰所说'犹鬼神幽赞'，关键是要对证用药。"

处于中国医疗体系最基层的村医，担负着乡里乡亲的救死扶伤和医疗保健工作，任务繁重责任重大，所谓人命关天，必精诚面对，慎之又慎。不过，鉴于时人更相信现代化的理化检验和医疗设备，很长一段时间以来，一批有扎实中医功底的村医们，也只能先做个暂地时处理，然后按患者意愿"到城里的大医院去"，打针吃药开手术放化疗。

不过，每每于无奈之中，也经常会有出人意料的反转惊喜。九思堂第四代传人、村医田文邦记录的几件他的医案，让我欣慰后继有人，留下喜乐在我心田。

其一例，52 岁女性，嗜烟，2018 年深秋连续咳嗽，有痰但咳不出来，就是感觉总有痰堵在喉咙。先在镇卫生院看，后又去县医院门诊看，治疗了三个多月均无效。2019 年 1 月 27 日经人介绍找田文帮治疗。文帮抓主症"咳嗽，大便秘结，几天才一次大便"，诊断为"燥咳"，经云"肺为水上之源"，"肺与大肠相表里"，肺金本燥而恶燥，需金津濡润，故用全瓜蒌 12 克以润燥生津，佐茭白 12 克以益气，再用钱乙的"泻白散"汤剂：桑叶 9 克，地骨皮 9 克，生甘草 6 克，小米一把，一日一剂三次分服。

三剂后，咳嗽止。又考虑到前三个月病人咳嗽睡眠不规律，有时失眠，饮食欠佳，系金气克木，肝气郁结所致，故又处舒肝利胆顺气和胃健脾之剂：北柴胡 6 克，黄芩 9 克，白芍 9 克，陈皮 12 克，枳实 6 克，生山楂 6 克，焦山楂 6 克，酸枣仁 12 克(炒，破碎)，也是一日一剂三次分服。

三剂后，患者胃口大开，睡得香沉。

这两个方子，接着又相继各用了三剂，患者痊愈。

其二例，60 岁王女士，右侧臀部至下肢痛痒，行走困难，县医院检查结论是"腰椎间盘突出"，由于王女士认为自己的腰部并不疼痛，因此不接受县医院要她做腰椎间盘复位的手术，改用县医院中医科的针灸拔火罐方法治疗，但半个月治疗无效，依然疼痛，不得已住进医院，近十天中西手段结合治疗，疗效甚微，患者认为自己将会右下肢瘫痪。2019 年 5 月 11 日，经人介绍来田文帮处就诊，初诊见其舌苔白腻，舌尖红紫，显然"痰湿困脾"，脾主四肢，但是只表现为右侧疼痛，说明是有风寒而形成的"血脉栓塞"。

文邦处方：用威灵仙 12 克以祛风湿散寒，桑寄生 9 克以祛风湿强筋骨，怀牛膝、王不留行、三七、益母草各 9 克以活血化瘀调经，佐以桂仲 9 克，补骨脂 6 克，核桃仁两个以助阳，另包三七粉每包 3 克，早晚各服 3 克。此方用五剂后，患者疼痛减轻，能行走。继用六剂，三七粉共服 22 包 66 克，右侧臀部至下肢疼痛消失，患者痊愈。

第三例，赵某，2019 年 2 月 19 日来诊，述其小便白淋已三年多，畏寒，四肢冰凉，咳嗽吐白痰。文帮诊其脉博细微，尺脉尤甚，无舌苔，断其少阴阳衰，嘱其早饭后服"四逆汤"：制附片、干姜、炙甘草各 9 克，此方三剂，一剂三服，连服九天。中午和晚饭后则服：山萸肉、茯苓、车前子各 12 克，菟丝子、肉苁蓉、仙灵脾各 9 克，泽泻补骨脂各 6 克，桂枝 3 克，核桃仁 2 个。此方，山萸肉固精，茯苓泽泻利水，车前子通淋，菟丝子、肉苁蓉、仙灵脾、补骨脂、核桃仁益肾阳，加上桂枝通达心阳，处方六剂，每剂三服，中晚服也是九天的量。

3 月 5 日，患者尊嘱二次来诊，咳嗽痰白，四肢温和，下白淋也好了许多，再诊其脉已有根，遂继用健肾化湿利水通淋之剂，药用茯苓、鸡冠花、车前子各 12 克，苍术、黄柏、肉苁蓉、仙灵脾各 9 克，石苇、泽泻各 6 克，通草 3 克。

共用 6 剂后，患者痊愈，至今未有复发。

九思堂四代传人田文邦记录的厚厚的医案，文字工整，与祖辈一样对医者职业心存敬畏，不敢有丝毫懈怠。九思堂前有古人，后有来者，我喜乐在心。

6. 田家百年医案拾遗

对九思堂百年医案的收集和整理，有两条时间线和两种工作方式。一条是九思堂第三代传人、我的二哥田开学自上世纪 40 年代行医生涯开始记录的临床医案，止于 2005 年 10 月，那一年二哥高龄仙逝。另一条是从 1990 年开始至今，我和二哥三姐及九思堂、济春堂传人们，通过田野调查走访的方式收集田家医案单方，如果以 2005 年为时间的中点，至今前后已 30 余年。

1990 年以后，这两条时间线上的工作是平行共振的。前一条着重于对家传中医方剂的临床纪录，后一条着重于方剂关键信息的考证。江山留胜迹，我辈复登临，希望对田家百年医案临床经验的总结，为继承好、发展好、利用好中医药宝贵财富这项民族大业，提供来自民间基层的鲜活实践。

6.1. 岐黄济世，生生不息

我出生于中医世家，幼时启蒙，就读于外祖留下的吴家私塾。河南省固始县城关镇吴家，因有清朝"父子三进士"、有被誉为"状元科学家"的吴其濬(1789-1847)而为世人所知。"宦迹半天下"的吴其濬著有《植物名实图考》，全书 38 卷，记载其遍访山林湖泊实地研究的植物凡 1800 多种，图文并茂地记述了怎样对植物进行分类鉴定，怎样采集药物等等。清道光二十八，1848 年，也就是吴其濬仙逝次年，在当局的主持下，《植物名实图考》出版了木刻本。1848 年的中国已沦为半殖民地国家，鸦片战争后各种洋货大量涌入，木刻本中草药专著的出版，难能可贵。山长水远，沧海桑田，纸短情长，难以尽表。

我的外高祖父吴其泽是吴其濬的堂弟，他出生的时候，吴其濬已仙逝，因在吴家辈份很高，外高祖父便承继了堂兄在中草药植物学方面的研究成果，用今天的话说，就是将"状元科学家"的研究成果项目化落地，创办了当时中药品类最齐全的"济春堂"中药店。店门两旁镂刻对联：

济世功同灵素用，

春生妙术岐黄经。

家父出生后不久，我的祖父某日深夜发病，祖母抱着襁褓中的家父去请医生。但那位医生有夜间不出诊的规矩，祖父在家不治而去。经受这一巨大丧痛，性情坚定刚烈的祖母决意让家父去她的娘家，也就是我的外祖吴家去学医。我们田家当时属乡绅阶层，有田有地，能够同意我祖母的建议，让自家男子去外家做学徒过活，足见医生在乡土中国的地位。

自那时起，我的长兄长姐、二哥和三姐，都是在县城吴家大院长大的，在吴家私塾读书，一直到兄弟姐妹中最小的我开笔启蒙，也是在吴家私塾。那时我常到吴家东边的草药园里嬉戏玩耍，闻惯了园中的草药香气。

到外家安家后，家父先是在"济春堂"药店学草药，然后由药入医，再到"九思堂"拜师学医。出师后，家父便在店内接待病人，问诊号脉写下记录，然后视病人情况转入内堂医生再打脉处方，类似于今天医院的挂号分诊检查一体化。在此期间，经外祖安排，家父曾去山东济南跟医学家陈修园的一位弟子见习，我未考证此师之名，只知当时唤作"明轩先生"。

我的外高祖父吴其泽先是创办"济春堂"中药店，有了一定的积蓄后，又创办"九思堂"诊室。"药店是赚钱的买卖，诊室是贴钱的生意"，外高祖父这句话指的就是"济春"和"九思"两堂。外高祖父去世后，"九思堂"便交由我的外曾祖吴元滨和我外祖吴知风这一支儿孙打理。说起我外高祖父的这句话，家父曾一再跟后辈强调，"生意"二字，绝不是做生意的生意，乃为人的求生之意。

饱读诗书的家父，一生为医，只求医名不求医利。有一年应邀给"济春堂"写对联，家父是这样写的：

但愿世间无病患，何愁架上药生尘。

1938年日本飞机轰炸固始县城，兵荒马乱中，外祖父携我们一家返回到我祖母田家乡下居住，当时的说法叫"跑反"。从那时起，以后的漫长岁月中，田家数十口人便聚集于此，繁衍生息，再也没有返回县城，"九思堂"诊室就设在乡下家中，直到新中国成立，沿续至今。由吴其泽另一支儿孙打理的"济春堂"药店，也从那时起由县里迁到了乡下，日常业务由吴家表兄玉圃先生打理。

新中国成立后，虽然我家庭成分高，但因家父"九思堂"诊室名声大，老百姓离不开，地方政府便安排家父和二哥三姐到分水镇卫生院任医师，家里从此有了"吃公家饭"的人。

174

另外，作为地方政府变通的办法，我家那顶暂时还脱不掉的"地主分子"的帽子，就从家父的头上"顺延"，戴在了我长兄的头上。

固始县济春堂九思堂第三代传人田开钰，字业农（1920-2003）

长兄田开钰，字业农（1920—2003），性情疏阔开朗，是我一生最敬重的家族兄长。1950年春节，长兄照例磨墨书写春联，有感于新中国新气象，那一年写春联他不再咬文嚼字，提笔而就：

父医生，弟医生，妹是医生，为人民健康奋斗；
母劳动，我劳动，妻也劳动，为国家增产努力。

1958年，人民公社成立，蒋集公社椿庙大队各村都需要一名"赤脚医生"，全村一人一票，长兄被公选为村医，在椿庙大队行医。下文的医案中，有一则垂死之际的病患，被我大哥治愈后获得重生。作为村医的长兄，行医一生，一生都处于"村医"的"业态"，有病人找的时候就看病，诊金由病人自己看着给，不给则不开口要，然后病人拿着处方自己去县城药店捡药。没病人找的时候，长兄就下地干农活养家。长兄救助病患，有口皆碑，2003年以83岁高龄无疾而终，数千名乡邻自发相送，下葬那天，满山遍野都是送行的人。

岐黄济世，生生不息，唯医道至高无尚。整理田家百年医案，万千话语从何说起？那就从最先进入脑海的医德两个字开始,将开篇归纳于"民间中医重医德"。

往事历历在目，仿若昨天。

恩格斯说过："历史的进步总是要以牺牲部份社会成员的利益为代价。"极左政策时期，经狂风暴雨般的分田分地分财产后，我们田家这个乡绅大家庭，一夜之间粒米全无，走投无路。次日清早，二嫂领着八位兄弟姐妹中最小的我，走到八里外的臧集镇，然后在返回路上沿途讨饭。二嫂之所以这样安排乞讨路线，目的是不会负重行远，只会负重行近。哪知刚要到臧集第二家门口，就被这家人认出我们是外乡的医家田家人。此家姓刘，派人背着粮食一路送我们叔嫂二人回家，丝毫不怕受牵连，一路上遇到人就对人讲："田医生家人要出门要饭了，咱们帮帮他家!"。就这样，我的"讨饭生涯"不足半天时间便结束了，从那天起，我们家再也没有断过米面粮油，全家十八口人被四里八乡的病人家属照顾着。

这就是当时的医患关系。此例一。

建国初期，国家卫生部曾提出过"中医是封建医学，要逐步改造中医为西医的医助"这一错误决定，五年后，毛主席提出："中医是个宝，不能丢"。

就是在那个改造中医的大环境下，我作为"九思堂"第三代中最小的儿子，不敢再学医，1962年我高中毕业，高考成绩虽然是全校第一名，老师给我填的第一志愿是清华大学，但地主家庭政审不过关，被录取到河南省第六技工学校。三年后毕业分配前，有传言说对"可教育子女"，也就是"地富反坏右"的子女，不包分配另作安排。可是，让我喜出望外的是，我却被第一批如愿分配到了固始县拖拉机站。班上有出身好的同学提出疑问，教导处老师说："拖拉机站荣干站长持地区劳动局的公函，亲自来学校点名要田开钧"。

对此，我也不明就里，不知道自己为什么可以分到班上同学人人想去的拖拉机站。到站上班以后，荣站长每次给我安排工作时，总是喊我"田开学"，我就告诉站长："您喊错了，我是开钧，开学是我二哥的名字"，爱开玩笑的荣站长总是一笑而过，不作解释。后来是大哥告诉了我个中原委。荣站长老家在豫北黄河边上，解放前有一年洪水泛滥，逃荒到豫南的时候，年龄和我二哥一般大，体弱病重，家父出诊的时候在路边见到他，一摸额头发高烧，就带他到我们家住下治病。他尿床很严重，白天睡觉也尿床，这个毛病也被父亲治好了。身体治好了以后，不愿回豫北自己的家，就留在我们家做工，我们视同一家人，他和我二哥最投缘，一起玩大。解放战争期间大军南下时，有一支部队修整时，在我们田家住了几天，荣站长便报名参了军，随大军南下，后来转业回来当站长。

大哥对我说，"他为了避嫌没再跟我们家联系，但通过对你工作的安排，表明他不忘旧。你知道就好，不要辜负了他的好心。"

这也是当年的医患关系。此例二

因家庭出身无缘清华大学、后技工学校毕业的我，受益于国家改革开放，从一个靠边站的技术黑五类，被重用成为当时国家第一机械工程部重点企业信阳柴油机厂的总工程师、副厂长，并光荣地加入了中国共产党。我满怀热情地投入到国有企业的技术升级改造和产品市场开拓中，风餐露宿、夜以继日地工作，也因此亏欠了自己和家人的身体健康。进入新世纪，花甲之年的我从市场经济的大风大浪中抽身而出，与二哥三姐一起全身心投入田家百年医案的收集与整理工作中，并开始医治自己和亲友，并不"对外接单"。

自 2007 年始，我先是把自己 42 岁时经河南医科大学附院确诊的冠心病治好了，后又治好了 46 岁时患下的肾结石，接着根治了 59 岁时患下的脑血管痉挛。二十几年来，我医己、医亲友，常见病也好，顽疾也罢，统统被我用中草药调理根治了。我的自信在于，一个医生，应该先自医，再医人。医生水平的高下，应以临床疗效为唯一标准，不能以会不会英文或者发没发表论文为标准。

改革开放 40 多年了，中国经济社会也已经从"需求侧"

向"供给侧"发力。在改革供给侧的今天，医疗服务行业要满足人们日益增长的需求，特别是欠发达地区，大医精诚的岐黄传人必大有可为之地。

事实上，在医疗条件不那么好的地方，很多中医院老中医诊病，经常讲'单方治大病'。老百姓之间口口相传的单方，往往还真解决了病人的切实问题。中医几千年生生不息，肯定有它的道理，今天，我们的科技水平不一定能把这些中医方证的科学道理"量化地"弄清楚，但搜集、保存和整理这些方证的工作，不可或缺。我相信这些方证从四面八方搜集整理出来，有一天终会发现它们非常有价值。

当年，我下定决心收集整理田家医案的时候，曾作诗一首以明此志：

百草园中，观天地交泰，四时成就大千世界；

九思堂前，悟阴阳既济，五运通行不二法门。

固始县济春堂九思堂第三代传人田开学，字述孔（1929-2015）

6.2. 不抛弃，不放弃

本节是我大哥和二哥工作笔记中记下的三个医案，也是我这两位兄长在世时引以为豪的"对证用方治大病"的典型代表。

这三个医案是：见肝实脾、阴虚热化及单方治丝虫病。其中，见肝实脾案的病人曾在当地县医院住院治疗，有被宣告病危的病历纪录，我二哥田开学运用验方鲢子鱼胆配温阳利水之剂，将其成功治愈；阴虚热化案例，也是我二哥以最擅长的温法施治。

第三例单方治丝虫病，是因家乡多水田，耕种插秧都在肥水田中作业，得此病者都有长期水田工作经历，下肢红肿疼痛，我大哥田开钰先生是村医，边行医边务农，因此，他和大嫂，还有侄儿都曾得过此病，于是大哥研得一方，亲尝亲试，不但治好了家嫂和子侄所得之丝虫病，还惠及乡邻数百十人。今天，丝虫病在家乡已灭迹，但是，当年的香油炸箆麻子加鸡蛋，此一单方为什么对丝虫病有如此好的疗效？后来者或有能研究清楚之时。

以下是我们对我大哥二哥的工作笔记原文进行的整理，仍以第一人称形式表达。

6.2.1 见肝实脾

患者名刘述叶，男，61岁，一生嗜酒成癖，年在不惑之前，每饮非公斤不醉，今虽年愈花甲，尚能饮酒一斤。1985年3月上旬，因家人有採薪之忧，延村医在家输液，中午倍饮致醉，谩责其子，怒挞猪狗，继则肝火大动，趋打孩子及猪，狂奔于房前屋后数转，顿觉心下不适，于暮呕血数碗。村医来了，嘱其深夜转院救治。入院后，补液输血，血仍不止。经会诊，急行手术止血。术后医生告诉家属曰："打开腹腔见肝叶上佈满星点，状如哈膜背，此系葡萄状肝癌，预后不良，七至十日必死，宜速出院，急备后事。"患者正欲返，吐血忽又大作，家属惊质手术医生，渠言系开腹后见肝叶呈癌变，已无生机，故对出血病灶未加处理，即行关闭。患家闻此，忿然不依，据理申诉。院方理亏，答应行二次手术，拆开缝口，扎住出血灶，关闭后立促出院。七日后村医见伤口愈合不佳，不敢擅自拆线，复送县院。医生说："人即将死，拆线何用！"遂被拒绝，怅然而归，忙备棺木衣衾及买办葬时所需，停药待毙。

俟至十日、二十日，又越月余，死神仍未降临，亲友劝其延请家兄田先生往诊，见患者面色㿠白，极度消瘦。惟言语尚洪亮，胃纳差，食后瞋胀，询及病前，肝胃无疼痛史，饮食亦如常人，今因暴饮暴食致醉，引动肝火，烈酒伤络，致血妄行，溢于脉外，故吐血不止。

体查：腹部肿胀如鼓，青筋暴露；叩声浊，扪之如揉面感；揭视创口，已感染化脓、胀裂；四肢逆冷；血压偏低；脉沉弦而缓；舌淡无苔。

辨析：腹大胀满，按之如革裹水，脘闷纳差。进食胀甚；神倦怯寒，小便短少；证属血脱伤肝，乙癸同源，肾阳衰微，阳气不能输佈，水蓄不行，寒湿困脾，脾阳不振，酿成肝腹水之由也，已成湿胜阳微之危候。

先治以温运后天之本脾阳，化气行水，配疏利肝胆，宽中理脾。选用实脾饮化裁之。药用附子6克、干姜6克、白术12克、茯苓30克、枳实12克、川朴6克、甘草6克、木香6克、草果9克、生姜三片、大枣6枚，首进三付。

二诊：进食微胀，腹满稍缓，叩之仍有震水声；手术切口，经清洗换药，亦有好转，精神稍起，肢末仍冷；脉稍有力，小便尚少，面色苍黄。寒湿虽已得化，但脾阳虚甚，不能运化水谷；肾阳不足，膀胱气化仍然无权，随改用鳢子鱼胆两个（鱼重一斤者），开水送服，继进真武合五苓，以温煦脾肾之阳，加强化气行水。药用茯苓30克、白术12克、白芍12克、附子6克、猪苓12克、陈皮9克、石小12克、桂枝12克、甘草6克、生姜三片、大枣6枚，仍进三剂。

三诊：言小便已利，腹水大消，饮食日增，四肢转温，精神大振；创面愈合结疤。改投香砂六君子配胃苓汤，调摄心主气血，仍兼化气利水，以期康复。药用党参12克、茯苓15克、白术12克、石小15克、猪苓15克、陈皮9克、半夏9克、桂枝12克、木香6克、砂仁9克，姜枣作引，三付。

四诊：诸症悉痊，饮食如常，性力未复，继用建中十四味，连服三剂以调摄之。

近日随访，已能串亲赶集矣。嘱勿过累，以防劳复。

结语：按此患者，证情复杂，实为罕见之证，因暴饮烈酒伤络而呕血，中受手术之戕，致气随血脱，阳气衰微。酒家多湿，湿无阳化，脾为所困，此成满之因也。惜县院开腹见肝上有点状，未经生化，竟意断为肝癌，然实非肝癌也。此亡血家，肝无藏血而枯燥瘵甚也，由于辩证确切，选方独特，妙用民间验方：鱨子鱼胆配温阳离水之剂，

经过多次验证，它有化肝阴以成肝阳之用，降湿浊，善奏利水之功宏。鱼胆精汁，乃血肉有情之品，得温阳利水之剂相助，使阳光灿，阴寒消，腹水得怯，此乃仲景"见肝实脾""温药和之"之大法耳，故作奇效，大哉！

6.2.2. 阴虚热化二例

案一：陈元秀，女，28 岁，分水乡种子塆农妇。1972年 3 月因患恶寒逆冷、心烦欲呕，入分水医院治疗无效，继转县院。二院治疗长达三个月之久恶寒逆冷虽除，但心烦心悸，入夜不得眠未解。患者系家庭主妇，其夫系队里养鸭老师，时值夏收夏种大忙季节，故出院。回家后虽继续治疗，病情不但未见好转，而且日重一日，于 6 月初邀余兄长往诊。据其夫代述："白天尚安静，入夜即发急，急时满床乱爬，有时自拨其发，头发被脱有四分之一。经检查，患者面色绯红，美如新妆，表情淡漠如酒痴，呆坐懒言，口噪咽干，头晕目眩，心悸不得眠，入夜更甚。诊其脉细数，一息六至，舌质红绛无苔。

综观诸症，乃少阴病日久，传经之邪从阳化热，真阴被灼，水不济火，心肾不交而形成。查少阴属心肾，为水火之本，阴阳之根，邪犯少阴，从阳化热，肾阴虚亏，肾水不能

上济，故口噪咽干，心火无制，不得下降，故心烦不得眠，亦即所谓阳不入于阴也，水不涵木，肝阳上僭，故头晕目眩，面如新妆，舌红绛，脉细数，皆阴虚内热之象，宜泻心火，滋肾水，参以生津柔肝、养经安神为治。

处方：醋炒川黄连9克、盐水炒黄柏9克、黄芩9克、白芍9克、党参9克、麦冬9克、茯神9克、夜交藤9克、阿胶12克、鸡子黄2枚。上方除阿胶、鸡子黄外，诸药一煎再煎去渣入阿胶煨令熔化待温入鸡子黄搅和，分作二次服，两剂而愈。

案二：王女士，27岁，陈集乡民师。于1974年7月因心悸入夜不得眠，在当地治疗十日未效，其夫邀余兄长往视，据主述：白昼尚安，稍能操持家务，但欲寐不寐，晕眩耳鸣，心烦健忘，吵杂欲呕，入夜心悸不得眠。经检查患者口噪咽干，颧红，形象疲惫，舌红脉细数。复据了解，曾服中药养心汤，注射葡萄糖维C等，药皆无效。患者係家庭主妇又兼任民师，平素体质素虚，白天上课，还要操持家务，夜间备课盘作业，经常达深夜之久，以阴虚体弱之躯，外邪直中少阴得之多日形成热化症，宜滋水泻火。处方：川黄连9克(醋炒)、黄芩9克、法半夏9克、白芍9克、阿胶9克、夜交藤9克，煎如上法，一服尽剂而安。

体会：少阴病从阴化寒，较为多见。上二例均系阴虚化热，故药用黄连黄芩苦降泻热，以清离中之火，心阳也；阿胶鸡子黄滋阴养液，以补坎中之阴，肾水也。黄连以醋制，以酸而引药入肝，经以清之；黄柏用盐水炒得咸而引药入肾，经以平之；白芍麦冬滋阴柔肝，党参茯神夜交藤有生津安神之效，二例用药基本一致，一例病程长，故两剂愈，二例病程短，故一剂而安。二例以法下易黄柏，取其和胃止呕耳。

6.2.3 单方治"冲腿"

秘方组成及制法：成人一次量为蓖麻子仁七个，生鸡蛋一个，芝麻油或花生油适量，切记不能用菜籽油或其它油。儿童十岁至十四岁用蓖麻子仁三个，十五至十八岁用蓖麻子五个，生鸡蛋皆为一个。

制法：将蓖麻子剥去外壳，再将净白仁放入洁净的碗内捣碎，将生鸡蛋打开顷入蓖麻仁中，用筷子打和均匀。在铁锅里放入芝麻油加热，再将鸡蛋和蓖麻子混合物倒入油锅中炸熟即可。

服法：每日清晨将做好的蓖麻鸡蛋块乘热空腹服之，一疗程连服三朝，即可见效。

此方纯属"被逼自行研制成功"。1973 年，家侄田文忠得此证，1976 年秋忽高热神昏，下肢红肿热痛难忍，经服此方两个疗程即愈，下肢红肿亦逐日消除，完全恢复健康。附近乡邻口相传颂，服此方治愈数百十人。初患此证，一服即愈。年久两腿已肿胀者，最多三个疗程可愈，而且凡治愈者，皆不再复发。

6.3. 内科八证

此节内容，是根据田家百年医案归纳出的内科八证。

证一：寒泻

徐某，男，年六旬，尚力操耕耘。一日耕田至日午返家，食凉面，虽以蒜糜佐膳，但年老不胜寒凉，不久即觉肠鸣腹痛、呕恶，继而洞泻，半日达五六次之多，次日来诊，途中自觉两腿转筋，腹中拘急，连泻一二次，不能行走，随卧道旁。家人护送我处急诊，患者神志昏糊，四肢厥冷，汗如珠，目陷内削，六脉皆伏，声嘶，舌淡苔薄白。父兄我断之曰：此为寒邪直中太阴而亡阴，脾土受病致泻，干稀不分下走大肠而泻泄，浊阴踞拢中州，阳气不能通达于四末，故脉伏肢厥股厥；阳气外越，故冷汗如珠；津液顿伤，则目陷内削而转筋。在此阴邪方盛，阳气欲脱之际，立投四逆双驱内踞之阴，急敛外散之阳，佐以柔肝之品，药用党参三十克、干姜九克、炙甘草九克、熟附片九克、要瓜十二克、白芍十二克、苡米二十四克、砂仁六克、半夏九克，一剂灌服后，一时许，仍未见显效。又继以红参六克、熟附片九克、炙甘草九克，煎汁顿服。又过时许，逐渐厥回神清，能自动呷糖水。次日又继服干姜、附子、砂仁、半夏、炙甘草，阳回热复，改进养阴之品，调理脾胃而收功。

证二：哮喘

胡某，男，四十九岁，患哮喘有年，每因寒冷则加剧。是年入冬，哮喘大作，频咳，痰稀色白，端坐呼吸，胸闷气促，不得平卧；面部浮肿，心悸头晕，舌苔厚腻，脉沉细兼滑数。诊后示父及兄曰："我诊此症，内有伏饮，外感风寒，乃小青龙证耳"父曰："然，处方药用炙甘草六克、炙麻黄六克、桂枝九克、炒白芍十二克、干姜六克、法下十二克、五味子六克、炒白术十二克、细辛三克、炒苏子九克、炒来菔子九克一服缓解，三服喘平，调理而安。

证三：朝食暮吐

徐翁，年近花甲，体弱，久病羸瘦，渐觉心下痞满，脘部隐痛，嗳气不舒，呕恶泛酸，食后更甚，迫至脘腹瞋胀不可忍受时，吐出酸腐不化食糜，方觉稍舒，俗称"回食疾"，诊其脉得迟而小滑之象，舌质淡苔滑腻。曰："症属脾胃虚寒，命门火衰，中土失运，地道阻塞，气逆不下，故朝食暮吐"。宜理中散寒，培补中土，兼以磨积破坚之法，药用砂仁九克、半夏二十克、干姜十二克、肉桂九克、白术十二克、吴茱萸十二克、丁香九克、莪术十五克、生姜两片、竹茹一团为引。此证经余随症化裁，服药十数剂方食而不吐，日趋康复。

证四：寒气犯胃型胃痛

张某某，女，五十岁，初夏贪凉，引起胃痛剧烈，捧腹曲膝，形寒肢冷，手足不温，呕吐清水，怕凉畏寒，热饮稍安，得食疼痛加剧；脉弦紧；舌苔白滑。证属寒气犯胃。余以肉桂 12 克、甘松 12 克、沉香 6 克、法下 12 克、香附 15 克、川朴 12 克、佛手 12 克、元胡 12 克、甘草 6 克、加服中成药陈香胃片，每次 4 片，配以西药服止宁 2 片，日三次。六服全愈。

证五：中气虚弱型胃痛

朱某某，女，46 岁，体虚，胃脘隐隐作痛，已有年余。

痛时喜按，得食稍安，易胀；大便溏、色黑；小便清长，伴有头晕耳鸣，气短，懒言，不时呻吟、嗳气；面色晄白，四肢倦怠；舌质淡少苔；脉细濡。余诊为中气虚弱型胃病，用补中益气法，方药黄芪30克、桂枝9克、白芍18克、甘草6克、海漂蛸15克、白术12克、炮姜炭9克、白芨12克、阿胶12克，外配服西药西米替丁100片，饭时服1片，睡时服2片。愈后随访，十年未发。

证六：虚劳

黄某，男，23岁，入房后因冷浴而招致外感，继成虚劳。证见干咳，骨蒸发热，便溏，失眠多梦，遗精，时而衄血，四肢酸痛，里急心悸，腹中冷痛，手足烦热，咽干口燥，微觉味苦；舌光嫩红；脉虚浮兼小而迟。余诊后思之，想起"金匮要略"有云："虚劳里急悸，衄，腹中痛，梦失精，四肢酸痛，手足烦热，咽干口燥，小建中汤主之"遂予桂枝6克、白芍12克、甘草6克、生姜6片，大枣12枚、饴糖20克、龙骨20克、牡历20克、冬虫草15克，一服痛止，二服热退。此乃益阴以和阳，亦甘温除热之法也。

证七：阳虚发热

闫老汉之子，男，28岁，生母患痨瘵早逝，因失恃而后天不足，体弱常罹外感，此次因久烧不退，数更医而罔效，求诊于余。自述发热半月有余，热时微有畏寒感，入暮更剧，精神疲乏，头眩目黑，双足酸软，睡盗汗，小便微赤，大便如常。在家曾注射土霉素、链霉素加服抗结核药，均无效，又服滋阴清热中药多剂，而热与日俱增。望其舌淡而润，苔薄白，诊得脉虚无力，兼见细弱之象，诊为阳虚发热，以益肾健脾，甘温退热药治之，用参附配五味子、白术、甘草，水煎温服，两剂而热退。后改用补阴益气，善其后，方臻厥功。

证八：血虚寒厥无脉证

1999 年三月某日，76 岁金老汉外出散步，途中突然晕倒，被送来院治疗，西医急查心电图，血压脉博测不到，诊断为 Q-T 波延长综合证，言十分危险。该患者之父系患此证去世，有家族病史等。中医诊其脉缓慢无力，有时摸不到，患者面色苍白，口唇紫绀，大汗淋漓，四肢抽动，寒凉如冰。断为血虚寒厥证，又称无脉证，遂投当归四逆汤加味，药用当归 12 克、桂枝 15 克、白芍 10 克、细辛 6 克、灸甘草 通草各 9 克、大枣 30 枚（掰开）外加红花 20 克以消瘀活血。红花可协助桂枝甘草振奋心阳，改善经络气血循环。此方药仅用三剂，一切证状即恢复正常。

6.4. 怪症多瘀案七

疑难杂症，"从瘀治验，怪证多瘀"，为古今医家所共认，"活血化瘀"是医疗法则之一。此一理论，始出自《黄帝内经》，而立方源于《金匮要略》，古今先贤各多阐述。我常闻医学谚语有云："遇止奇难证，效法王清任，善用活血药，妙手起沉疴。"

此节内容，是根据田家百年医案整理出的怪症多瘀案。家父和二哥多运用此法，治验多个病人。

案一：紫癜风

陈姓学生，男，14岁，1982年3月来诊，其父为鱼家，常食鱼虾。一日入学归来，身感不适，夜发低热，通身痒感，关节酸痛，五心烦热，腹泻泄。次日见面部潮红，全身发斑，四肢尤多，压不退色，越日，部份紫斑变成血泡，内含紫液，兼见尿少色赤，舌质黯淡，尖边紫点，舌底脉络紫胀，脉细数。症属内蕴鱼腥之毒，外感疫疬之邪，负火湿毒侵淫肌腠，蒸热积蓄，灼伤血络，气不摄血，血不循经，溢于脉外，离经之血，瘀而成斑。治以清热解毒，活血化瘀。药用当归12克、赤芍12克、茜草15克、大黄9克、丹皮12克、桃仁9克、红花9克、丹参12克、连翘15克、生甘草10克。两剂，大便数下污黑色稀便，热退神清。遂去大黄加生地15克、黄芪15克，三剂紫斑渗血变泡停止，大部斑块色泽变淡，知药已中病，仍守原方，加党参20克、升麻15克，增强益气摄血，扶正消瘀，又三进而愈。

按：此发斑之疾，即今之所谓过敏性紫癜也，中医称之为紫癜风，早在"金匮"就有食鱼中毒之记载，现代谓之过敏。根据有关报导，紫癜风因过敏而引起皮下出血，瘀而成斑，运用活血化瘀中药，有超前性之功能，对免疫性疾病，有良好之治疗功效。因其能增加肢体血流量，消除邪热，改善毛细血管通透性，从而抑制多种因子诱导血小板聚集，降低血小板表面活性，增加纤维蛋白溶解性，降低纤维蛋白稳定因子活性，改善血液的凝固状态，以利于瘀血的溶解，紫癜即得消失。故选用当归、红花、桃仁、丹参活血化瘀，丹皮、赤芍、茜草凉血止血，祛瘀通络，镇静止痛，缓解痉挛；大黄连翘生甘草泻火解毒，通瘀导滞降低毛细血管通透性和改善脆性功能，在内瘀得遂，热毒得清，遂去大黄加生地以养阴，用黄芩补气以摄血，后加党参升麻鼓正气，以助血行。

"内经"云："疏其气血，令其调达而致和平"今瘀血行，气机调达，血归隧道而病立愈。

案二：崩漏

河围村齐某妻室，年届不惑之九，常患头目晕眩，耳鸣心惕惕然不能成寐，入睡梦魇，近年性情异乎往常家人近疏皆招其恚，致肝胃不和，经不守信，从1981年仲春以来经即窜前退后，或一月两行，或数月不潮，时暴注，时滴漏，断续不止.村医以西药止血，虽短时血止，而腹痛又加.来诊时见其面色黧黑，形体不丰，询知经质粘稠，色如烟尘，中挟血块，小腹疼痛，按之则甚，血块下后，疼痛暂缓；舌淡苔滑，边有瘀点；脉弦兼涩，时而间有歇止，证属肝郁血瘀，心失所主，气虚血悖，冲任失调，故成崩漏.法以舒肝行气，活血化瘀，补心肾，调心脾，令气血归经.药用当归 川芎 桃仁 红花 刘寄奴 土炒白术各15克 夜交藤 仙灵脾 黄芩炭各20克 延胡索12克 酒白芍 茜草根各18克 灶心土30克(煎水澄清，去泥用水煎药)三剂。

五日后复诊，患者言服药期间经量由多转少，色质转红腹痛减轻，头目较前清爽，尚感心有余悸，夜寐欠佳，遂用炙甘草20克当归15克熟地20克黄芪40克女贞子15克旱莲草15克丹参12克阿胶15克(烊化药汁)日一剂分三次服，每次冲服鸡子黄一枚,共用十剂,诸证悉除,继用归脾汤三剂以巩固疗效,随访至今,从未复发.

此案西医认为属更年期综合症之范畴,或谓之功血系内分泌紊乱;中医认为是冲任失调,情志郁结,性情怪戾,五志过激则令气滞,气滞则血瘀,经脉瘀阻,血无经循而溢血胞宫成崩漏,断续不止.郁瘀皆能化火,导致心火偏亢而上扰,不能下交于肾,肾水不济心火,心肾不交,失眠心悸,肝藏魂,肝郁则魂不守,多生梦魇,总因郁致瘀,故先以逍遥散合和血化瘀之品以逐之,再以炙甘草阿胶鸡子黄以成否极泰来之势,配用二至归芍相揉合以清之,以达调肝气化瘀血补心脾,使心肾相交水火既济,气血调达,崩漏自止,余证自除.

案三:梅核气

黄姓女 38 岁,因乃翁死于胃癌,曾亲奉汤药半载,操劳忧伤,后感胸闷不适,纳谷不香,夜难寐,渐觉咽中似有异物,如痰附肉窝,如核仁梗咽,咳之不出,吞之不下,进食无梗噎,空臆如虫蠕,忧心重重,恐生恶变,多方就医,针药罔效,1982 年求诊于余。见其神态焦虑,脉弦且涩,舌质干红,脉络紫胀,苔薄而燥,咽干少津,不时气冲。良因七情郁结,气机不畅,郁久致瘀,咽络受阻,津液失濡,气滞血瘀,痰气交结。治以开郁散结,调理气机,佐以活血化瘀之法,药用乌梅 20 克三棱 12 克莪术 12 克川贝 15 克法半夏 15 克射干 12 克茯苓 20 克丹参 15 克石斛 15 克生甘草 12 克,日一剂分三次服,连进十剂,咽渐舒适,饭量增加,但精神仍感惶惑,睡眠欠佳,又以甘麦大枣汤加入舒肝理气活血化瘀方中，又进六剂巩固疗效，随访一年未见复发。

梅核气又名"瘿球"，西医同行称之为"咽神经官能证"。瘿者，七情郁结也，郁结则瘀阻，郁于心则心病，郁于肝则肝病，今郁于咽则咽感异常，多用降逆祛痰之剂，认为怪病属痰，焉知怪病必挟瘀，所谓痰，乃水液代谢失常，在津液血液等等各种体液中，因瘀而形成胶粘之变态，血瘀痰郁，气机不畅，痰气结于咽，则得斯病。故于理气化痰方中加入活血化瘀之药，又配以酸甘化阴之品协助疏理肝气，共奏濡润散结，消瘀解郁化痰之功，故能药到病除。

案四：痞胀

凌某男38岁，性多疑虑，又善忧思，脾胃不和，运化失司，饮食渐减，形体日消，常愁痼疾羁身，恐将就木，四出求医，竟达两载有余，上到省城，下遍乡间，针药理疗，腹部手术埋羊肠线等尽皆罔效。1983年三月延余诊治，见其愁锁眉稍颦蹙忧容，苦于腹满便结，丹田隐痛，扣之脘腹舟状，腹肌紧张，埋线硬化如结筋，肌腹干燥似蛇鳞，脉现迟涩，舌暗苔剥，口干苦，不欲饮，证如《金匮要略》所述："病人胸满，唇痿舌青，口燥，但欲漱水，不欲咽，无寒热，脉微大来迟，腹不满，其人言我满，有瘀血"，四诊合参，诊为郁久致瘀，气血脾阻，脉络瘀滞，忧思伤脾，胃失运化而成痞胀，治以疏志醒脾，益阴活血，调达气机。药用合欢皮15克 夜交藤30克 肉苁蓉20克 仙灵脾18克 三棱15克 莪术15克 枳实15克 白术15克 桃仁12克 大黄9克 煎服，每日一剂三次服，另用鸡内金250克 山药500克 锅巴500

克烘焦研麺，每用一汤匙干粉开水冲糊状加糖，日三服，能食则日渐加量，用完再备。中药服六剂后，腹变软，大便通畅，遂去三棱莪术大黄，加入黄芪大枣麦芽甘草，继用六君子等方加减，治疗两月，诸证全愈。

李中梓所论："境缘不遇，营求不遂，深情牵挂，良药难医。"此证咎在七情郁结，郁久致瘀，而生脘腹痞胀，即所谓"胃肠功能障碍"，治其病必疏其情志，化瘀阻之中寓之以补，脾以守为补，胃以通为补，肝以散为补，血以活为补，今以三棱莪术行气化瘀，大黄枳实通腹荡积，桃仁多脂润肠络瘀阻，仙灵脾肉苁蓉补先天，乙癸同源，益于肝胆；合欢皮夜交藤安神定志；白术行气化湿以醒脾，辅以鸡内金山药锅巴做粥，取山药不寒不热不燥之性，味甘益脾性平益志，质润多液滋肾益心，鸡内金磨积，用锅巴以助谷气，增仓廪之用，使消积化瘀而不伤正，一补一化，刚柔相济，攻补兼施，使心脾气顺，胃和志安，而病斯痊。

案五：偏瘫

陈某女 48 岁，孀居有年，素体丰盛，常感头晕，肢麻目涨耳鸣心悸乏力，失眠多梦，面赤烘热，便结溲黄。一日傍晚，忽觉头目昏懵，面肌蠕动，口角抽掣，涎流颌下，口眼歪斜，言语不清，步履唯艰，右半身不遂，继而神志不清，小便不禁。夜来入院，西医诊为"脑血栓形成"，抢救得苏后，口眼歪斜及半身不遂等证如前。我中医诊为"类中风"，投补阳还五汤加减：黄芪 200 克 怀牛膝 15 克 丹参 15 克 赤芍 15 克 桃仁 15 克 红花 12 克 川芎 15 克 当归尾 15 克 地龙 20 克 白附片 12 克 决明子 12 克 桑寄生 15 克 三七 9 克，连进三剂，患者自觉神爽，语言转清，上下冷热有感觉，知药已中病，仍守原方，去决明子加鸡血藤，继服 30 帖后能柱杖行走，后又合参补脾益肾之品，终得全愈。

中医辨中风有"直中"与"类中"之分；西医有"溢血"和"缺血"之别，两者初治则应泾渭分明，前者宜止，后者宜活；在后期，则可同用补阳还五汤进行加减。余在临床运用的体会是：无论溢血缺血或小儿麻痹后遗证，用之皆有效，特别是对初中经络者，效果更显。如县医院一同志，初觉半身肢麻，口眼抽掣，遂服此方 30 帖，即控制了病状的发展，保证了健康。

案六：喘饮

退休老师董某，年逾花甲，任教时，常心慌气短胸闷十余年，初时常于夜间突感胸闷，呼吸困难，窒息欲危，憋醒后，起坐频频缓解，后来逐渐加重，年复一年，渐次发作频繁，于 1984 年冬，因感寒发热，诱发喘咳心悸，不能平卧，小便不利，肢体浮肿，急诊来院。见其精神衰微，喘促不安，端坐呼吸，平卧喘满加重，面色青灰，四肢冰冷，两腿下垂性浮肿，凉硬如铁石；问诊得知小便少，大便闭结，咳唾粉红色泡沫状痰涎；诊脉弦细而急，舌质暗淡无苔。先西医诊为"肺心病伴心衰"，以强心利尿抗感染反复用药，效果不佳，转中医治疗，余按"饮证"投以大剂量真武汤合五苓散，药用制附片 12 克 白 12 克 茯苓 30 克 车前子 30 克 泽泻 15 克 猪苓 18 克 白芍 18 克 桂枝 9 克 生姜 5 片 大枣 3 枚，煎汤频频呷之，连进三剂，病势逐渐缓和，但心血瘀阻，心悸怔忡，心烦不宁，下肢肿硬，舌体紫暗等证尚欠改善。仍守前方加入活血化瘀之品：当归12克 川芎9克 桃仁12克 红花12克 赤芍12克 桂枝9克 制附片12克 茯苓30克 白术12克 车前子30克木防已12克，六剂。药后肿渐消，心宁神清，饮食增加。患者仍感气息不足，动则心慌，腿肿消退如桔杆，不能行。遂选益脾补肾之品，用黄芪15克 红参12克 苍术6克 丹参15克 茯苓15克 仙灵脾15克 桂枝9克 巴戟天15克 冬虫草15克 枸杞子12克 甘草10克，继进10帖，病情渐瘥，杖而能起，缓步而行。

《金匮要略》云："咳逆倚息，短气不得卧，其形如肿谓之支饮"．"水在肺，吐涎沫""水在肾，心下悸"。饮者水也，肺金肾水皆病，水泛凌心，心力衰竭，仅用西法强心利尿实难收功。必铱大剂温阳利水之剂加入活血化瘀之品，鼓心阳，宣肺气，通水道，消瘀阻，培脾土，泻弥漫之阴水，回将亡之阳，阳光出，阳霾散，瘀化痰消，水饮归壑，百脉复朝，宣降适宜，脾健筋强，乃可收功。

案七：心律不齐，脉现促结代之证治

陈修园曰："心一倒火耳"。五行之中，心属火脏，得病大多因热而起。脉现促结代者多是心中火热之势郁阻成瘀，致使阴虚火旺，肾水不济心火，离火在上，坎水在下，心肾不交，是为"未济卦"之象，心悸失眠皆因而生也。本人有心律失常之旧疾，每用温补之剂如炙甘草汤、复脉汤、酸枣仁汤、党参饮、十全大补汤等均无效验，我想当改以益气养阴为主来治疗。本人原是中医师，后升为主治医师，现升为法定执业医师，并依法注册。家中中药齐全，经常以"神农尝百草"精神，煎药自己先尝，苦参和甘松经现代药理研究，证明其有抗心律失常之功效，于是我自处一方且名曰"苦甘汤"：苦参 20 克、甘松 15 克、太子参 15 克、五味子 15 克、酸枣仁 30 克、桂园肉 20 克、枸杞子 15 克、当归 15 克、丹参 10 克、生甘草 6 克，日一剂分三次服，一个疗程三剂，服后即愈。本方底方系生脉饮，减麦冬是因其对寒咳痰饮、脾虚便溏者不宜使用。痰饮者必有瘀，脾虚者肾无生化之源，心火无所制，心主神不明，无调剂百官之能，故麦冬一味必去之再加苦参甘松等味效果即佳。

本乡镇吴老年七十五岁，患此证已四十余载。五十岁时，病情加重，心跳呈二联或三联律，服过灸甘草汤、十全大补等方无效，亦服西药乙安典氟酮，每次二片，日三次，能控制一时而不能经久，尤其怕恐吓或悲哀声，闻之即犯，有时服点安定以稳定情绪，我让其服我前面所定"苦甘汤"，停服其它药物，亦三服即愈。

还有本镇张某男五十六岁，系屠夫，因劳累过度而患心律失常。此人向有胃病，常发胃胀，食欲不佳，体质弱，在当地输液十余次无效，后去合肥治疗，带回一些高贵药品，花了几千元，无一点疗效，无奈就诊于余，处"苦甘汤"三剂，服后病愈，今仍杀猪卖肉矣。

本镇董楼村杨某贵男六十八岁，患病数十年，四处求医未得治好。其人年老体虚，心律失常，脉来结代，求请数次未迁。一日来我家候诊，适余归来，诊之脉来短促，三五至一停，不出十至必有一停，诊后开给"苦甘汤"，三剂即愈。古人有言"代脉多死"，以今观之，不必论也。

蒋集食品公司一退休女工年六十岁，患高血压合并不齐，来诊查其脉象紊乱，无规律，三五至一停，或十至二十至一停。给于"苦甘汤"头剂服后有反映，其媳来喊余曰"服后病加重"，即往看之，只言"头晕，心里难受"。余诊之曰："没事，因药太苦，服后胃受不住"，让其服脑心舒，告之曰"药不瞑眩，阙疾不瘳，明日即愈"之理。次日果然心跳平静，继进之剂，令其煎后多次分服，再无不良反应，康复至今无复发。还有王姓老太太等患此证治愈者，不再赘言。

6.5. 妇儿常见病证单方

此节内容，是根据田家百年医案归纳出的妇儿常见病证单方。

6.5.1 妇科七方

方一：腹水

徐翁三儿媳，因小产而身体渐羸，月事不潮，纳差，小便难，少腹满，日渐膨隆，家人误以为妊娠。待半载后，虽腹大而无儿动之象，加之体瘦，面部无华，遂卧床不起矣，翁乃惧，急遣人延余往诊，见病妇面容憔悴，腹如覆釜，扪之软如水囊，两手尺脉弦涩而有力，辩为水血互结于血室致成肿满，肝失调达，肺失肃降，中土失运，损及冲任，致使三焦水道瘀阻，决渎无权，酿成水血弥漫之疾。《金匮要略》云:"妇人少腹满如敦状，小便微难而不渴，生后者，此为水与血并结在血室也，大黄甘遂汤主之。"处以大黄 12 克、甘遂 4.5 克(另包,用面包裹烧后研面,用馍皮包甘遂吞服)、枳实 12 克、白术 20 克，另包阿胶 16 克（烊化药汁中）一帖分三次服后，连下水粪数次，腹部肿消。继用人参养荣汤加减以补中土，配以艾叶、附子、吴茱萸，以暖宫行血，祛除余邪。不旬日，天葵至，月事复，一年后产一男婴。

另有吴媪之女，待字闺中。1949 年初，土匪猖狂。女避土匪逃于野外，常通夜露宿。一日正值经期，匪忽来，女急无处藏避，遂带衣汹水，潜于岸边枯树根下，在水中泡数小时，从此身潮热，腹常痛，月事闭止，经多处治疗无效，就医于家父，田老诊后曰:"此女六脉沉而迟涩，舌淡苔润，乃伤于寒水，寒则血凝而闭，瘀塞不通，不通则痛"，方用干姜 12 克、附子 9 克、吴茱萸 10 克、甘草 6 克、煎汁送服水蛭散 4.5 克，三帖服后，下污血数升，继用温经汤六帖而经来正常矣。

方二:经继来崩漏不止案

邻媪四十九岁经水断续不止或三月或半载或一月两潮，经色淡紫有异气。1952 年 4 月，经净四十余日忽暴崩大下经血，某医给予三七粉数服，崩虽稍缓而漓漓不止又已月余，5 月延先父田老往诊。患者憔悴萎黄，神疲无力，心悸少寐，气短懒言，食少便溏，小腹空坠，舌淡红，苔薄白，脉虚弦而细，系心脾两虚，脾不统血，心阳不足而水寒，冲任失调。

药用附子 6 克、干姜炭 15 克、茜草 9 克、阿胶 15 克（烊化）、当归 15 克、桂园肉 15 克、黄芪 30 克、党参 15 克、白术 15 克、桂枝 6 克、灸甘草 6 克。连服三帖而愈。方中附姜桂草益心阳，暖肾水；黄芪当归园肉阿胶补血健脾，参术益气，茜草活血调经，经气血正常则冲任自调。

方三：产后水血互结案

陈集乡后楼村民李某女三十四岁，1952 年产后两周，小便渐少，少腹胀满，继之全身浮肿，腹大日甚一日，经多位医生治疗五十余日未见效果，经余请先父田老会诊，询知患者系家庭主妇，带病操持家务，劳累过度，虽饮食尚可，唯少腹胀大如覆盆，扪之软，重按有隐痛，，叩之呈实音，口不渴，大便正常，小便微难，面及四肢微现浮肿，按之不凹陷，舌红润无苔，脉沉实。先父诊后曰："患者产后三朝即起操持家务，不十日即成少腹胀大，与日俱增，弥月后腹大如覆盆，扪之软无包块，停水也；重按隐痛，瘀也；口不渴，大便如常，无它病也；小便难，病在膀胱也；脉沉实乃瘀结之象，正与前述徐翁三儿媳案相似，遂予大黄甘遂阿胶汤，服法如前述，一剂和缓，二剂病已。

此例体壮病实，宜峻剂攻之，用大黄下血，甘遂逐水，阿胶补血，获效如桴鼓。而前述徐翁三儿媳体弱，故只用峻方一剂下之，而后继用人参养荣及胶艾附子吴萸等善后，病虽同而患者体质不同，用方理当有别。这也是中医长处之一也。

方四：少腹蓄血证

平寨村民刘某女二十四岁，1952年三月诊。患者先时月经未行，五十日突觉少腹隐痛，初时尚可忍受，移时痛发如狂，扪之痛甚，大小便意频频，虽利而量少，更衣勤，如淋如痢。他医或从淋，或从痢，亦有按肠痛治者，皆无效。后延先父田老往诊。询知患者素体丰盛，前时月经信守，唯今停经五十日忽发腹痛便频，经血色淡量少，时挟瘀块，候其脉象沉紧，诊为血瘀，冲任受损，蓄血小腹，遂以温经破瘀为法，方用桂枝茯苓丸加减。药用当归尾、丹皮、茯苓各15克、延胡索12克、三棱、莪术各10克、甘草6克，白酒三杯煎服。同时服"七星剑"药丸一粒。"七星剑药丸"系本家传药丸，系按中成药"大黄蟅虫丸"加减而成的，组成是虻虫、水蛭、大黄、当归、桃仁、红娘子各10克共研细末，炼蜜为丸，每丸重5克，一日两服。汤药每日一帖，服三日后，下瘀血，腹痛渐减，然后药量逐日减少，治疗期间共服汤药九剂，丸药十二粒，取汤药之猛攻，丸药之缓图，收效甚速，中病即止。改用"薯蓣丸"收功。

陈修园在其所著《医学三字经》中，称《金匮要略》"血痹虚劳病脉证并治第六"中的"薯蓣丸"和"大黄蟅虫丸"两方为"二神方"，功效"能起死"，对证用之，知是经过实践验证之言耳。

方五：产后水饮

沙河柯楼村民张某女二十五岁，于1952年十二月初，因产后三天起床助家务半日而感寒，晚即发冷发热，头痛身重，咳嗽痰稀，当即延医调治，近月余而效果不佳，虽热退而未清，咳未止而加喘，迁延达七十余天，断续用药，病情日增，卧订不起，辗转为艰。于次年二月中旬延家兄田开钰治之，诊知低热伴倮寒，无汗，口不渴，四肢不温，面色晃白，咳喘不得平卧，痰多泡沫而色白，面胕身形似肿，腹胀满有隐痛，叩之有震水声，食则呕吐，肢节酸楚，心悸目眩，舌淡苔白腻，脉弦滑。病属产后水饮，阴盛阳衰，表里俱寒之候，治宜发表温里，宣肺化饮为法，拟用小青龙汤加味，用蜜灸麻黄6克、桂枝10克、洒炒白芍10克、细辛12克、法半夏10克、五味子6克、杏仁6克、灸甘草10克、蜜灸桑皮10克、生姜三片，大枣五枚，日一剂三次服，两剂。

二诊：患者服药后热微退，四肢转温，咳喘大减，面色转红润，能进食，但汗出不畅，心有余悸，起则头眩，苔薄白，脉如前，乃饮未除，知药中病，守原方去桑皮加炒莱菔子15克，二剂。

三诊：诸证悉除，面色粉红，有笑容，已能起床进食，但动则心慌，时有微咳，舌红苔润，脉缓弱，嘱其保证休息，改投人参养荣汤进退，药用蜜灸黄芪、当归、炒白芍、党参、炒莱菔子各15克、灸甘草、煨姜各10克、大枣五枚，日一剂三次服，两剂。药后病愈。

此病系产后受风寒，卫阳被伤，失治迁延而致运化失常，水湿停聚而成饮，用小青龙汤外散风寒，内清水饮，继以人参养荣以扶正，患体康复，皆仲景之法也。

方六：白带阴痒证治

陈集乡大王村三十九岁某女 2003 年五月十日来诊，自述黄白带下，隔衣能闻腥臭，奇痒难忍，痛苦不堪。经查外阴部红肿，阴唇周边起小泡疹稠密，泡破则见红润溃疡分泌物结成豆渣样白物，不搔则痒甚，搔之则痛，经多医治疗无效，吊针水也记不得输过多少瓶了。患者面容憔悴，食欲不佳，夜难入睡，诊为阴毒壅结，风湿热下注，菌毒虫混合感染致内阴糜烂。方用苦参 蛇床子 白藓皮各 20 克、蒲公英 败酱草 川芎 花椒 当归 赤芍各 15 克、红花 生甘草各 10 克，煎汁分两份，一份内服，另一份加开水熏洗，待水稍凉，改为坐浴。药用三剂痊愈。

苦参味极苦，寒药也。加白藓皮、蒲公英、败酱草皆寒凉药，四药合用，具有清热燥湿解毒杀虫止痒灭菌之效，配蛇床子花椒有辛温之性，可调解苦参过寒之弊，具有温肾阳止痛解痒之功，又用败酱草、当归、赤芍、红花活血祛瘀，得川芎辛窜，引药入血，甘草和之，共建其功。

方七：乳房囊肿

乳房囊肿乃痫也，西医称乳腺炎、乳房纤维瘤、乳房小叶增生、乳腺癌之类也，是危害女性身心健康的杀手之一。余近年来治愈数十例，今将治疗病案及方药摘要分述，以供同仁参考指正。

主方：药用青皮 川贝 昆布 白芷 僵蚕 当归 蝉退各 15 克、海藻 柴胡 花粉各 10 克、生甘草 6 克，水煎服。

膏药：西丹四两、香油一斤、乳香 没药 松香各二两、全虫一两油炸焦研碎入药。用文武火熬之，熬得滴水成球，捞出用手捻之不粘手为好。用止痛膏布摊上膏药，内上樟脑、阿魏（研）烤化帖在肿块上面，七天更换一次，以肿块完全消散为止。如果帖药处发痒，可用热水袋慰之。

典型病例：

张姓女三十六岁，患乳痈一年多，四处求医，皆以输液为法，多花钱而无效，后来余处就医。诊乳房肿块如鸡卵，坚硬如石，压痛明显；身体消瘦，面黄容愁；脉弦数；舌红苔腻；不发热。余用上方加土鳖虫 全虫 郁金各10克，五剂。复诊言病见好转，诊见乳房硬结变软且缩小，又予前方加丹参 赤芍，又五剂，并帖膏药。半月后来诊，乳房肿块已消，再予原方三剂痊愈。

吴某英十七岁患乳腺炎，每月经前加重；两乳胀痛，渐成肿块，硬如卵石，压之巨痛；舌青紫，苔厚腻；脉弦紧沉涩。此为肝气郁结，气滞血瘀而成，用上方加红花 桃仁 丹皮 赤芍各10克，五剂。外帖膏药。半月后复诊，病好过半，经前无胀痛，硬结软小。再用前方三剂即愈。

余姓女二十四岁，婚后年余即生一子。哺乳期间，乳头被儿吮伤，乳头颈裂，疼痛巨烈，乳房红肿发热，肿块有碗口大，压痛明显，经多医治疗无效，有化脓危险，来请余诊。此证旧称为"吹奶"，脉浮数；舌苔红紫，身有底热。用求偶素液外敷乳头伤口。方药用青皮 川贝 连翘 僵蚕各15克、蒲公英 金银花各20克、白芷 全虫各10克、黄芩12克、生甘草6克，三剂。并帖膏药。一周后复诊已好转，乳头伤口已愈合。又给青皮消毒饮加蜈蚣三条，五剂后热退肿消痊愈。

6.5.2 儿科六方

方一:亡阳

街邻之子年四周患热病,因连日高热,气阴大伤,酿致气竭阴衰,病情转剧,突然体温骤降,大汗淋漓,面色苍白,口唇青紫,四肢厥冷,干呕弄舌,呼吸短促,神志混乱,脉微欲绝。家兄曰:"亡阳之象也",立投红参4克、附子6克、令其急煎 频频呷服。至夜半患儿厥回神清,脉象转和,阳气复生,转危为安。继以育阴培阳之剂病愈。

方二:鼻衄

一男性少年十四岁,自述早起突然鼻孔滴滴出血,先绵绵不止,继而阵阵暴出,塞住鼻孔,血从口出,患者自觉头晕心悸,恐惧不安,急就诊。家兄曰:"肺开窍于鼻,金被火灼,血自妄行,督脉失统,故鼻衄不止,急用冷巾敷额,药用大黄、黄连、黄芩各9克,煎汤分服,头服血即止,三服全愈。

方三:急惊风及灯心火爆灸法

1952年九月,万某新生女婴,刚九朝,急忽暴啼不止,摇首抑面不能吮乳,阵阵抽搐,闻声即发惊,舌紫唇干,角弓反张,腹部胀满,青筋暴露,先父田老诊为锁口风,当用灯心火爆灸囟门、印堂、人中、承浆、双地仓、合谷。在腹部青筋暴露处顺青筋从上往下连续作灯心火灸九蘸,环脐一周作灯火灸七蘸,后在涌泉穴打一蘸。配合内服五虎追风散三付，药用蝉蜕 30 克、天南星 6 克、明天麻 6 克、带尾全虫 10 克、炒僵蚕 15 克，煎汁兑入黄酒 60 克，另包朱砂粉 1.5 克，每服冲服 0.5 克。三服全愈。

灯心火爆灸手法：用古铜钱一枚，钱币平放，令钱孔对中穴位，医者右手持灯心草一根，蘸上香油，燃着顶端，迅速对准钱眼的穴位灼烧一蘸，随即抽出，发出"叭"的爆声为佳。

方四：痫证

胡某男十二岁，患者在两岁时发昏厥，发作时两眼向一个方向斜视，一侧面肌抽动，日数发作，或数日数月一发作，近来逐渐加重，发时如羊叫声，后扑倒，角弓反张，四肢抽搐，两眼向左上方斜视，面部唇口青紫，口吐涎沫，接着鼾睡片刻，醒后发作如前。半年有余，医皆无效。1953 年四月来请先父诊治。先父见患者唇紫面青，表情痴呆，舌质红中挟紫点，苔腻，脉弦滑。诊时适逢发作，先父田老立即作灯心火灸百会、四神聪、会阴各一蘸，配合中药镇惊息风，解郁化痰，平肝潜阳之剂，每月作灯心火灸二次，治疗三月而愈，随访二年未发。

方五：小儿腹泻

邻家赵姓子年四岁，患腹泻经久不愈，饮食不振，完谷不化，大便挟有未消化食糜清浊不分，先父田老诊为脾阳虚损，疳积食泻。先针四缝穴，后用灯心火灸长强一蘸，次日泻止。继给以六君子汤加干姜、山药、鸡内金，三服而愈。

方六：麻疹

先父田老治麻疹曾曰："疹喜清凉，痘喜温"，又说"此为常法而言，疹若寒时得而厥，必以甘温透发。"确是中医辩证论治的实践真知。尝云："麻疹有顺、险、逆之分，温暖季节，其疹多顺；险逆证多见于冬春。寒冷季节，疹疫初感，其四末多寒沏，因寒可知。经曰'寒则热之'，宜用甘温透发，若过用寒凉，轻者缠绵难愈，重则致厥伤身，不可不慎也"。老人家常以解毒发表及砂仁半夏理中汤为基础方，对麻疹进行辩证施治，现举我所经历的三案为例以证之：

例一：池某幼子年四岁，禀赋弱，1954冬，麻疹蔓延，此儿被染，即呈发热肢厥，渐渐恶风，鼻流清涕，咳嗽，两眼气轮发红、畏光、流泪，神倦不欲食，持续发热四日后，耳颈后隐约见点，继成红色斑疹，迅速遍布全身，正当深冬寒天，逆风凛冽，家人尚让患儿服荸荠水，因致内外皆寒，体温骤降，全身发凉，四肢厥逆，疹色晦暗，渐次隐退。患儿昏睡与烦燥交替，呼吸急促，唇绀指青，急求诊于先父。田老见患儿精神萎靡，时而尖叫，口唇紫绀，四肢冰冷，喘息气促，肢体呈灰暗色，疹痕指纹色青射甲，脉沉细微弱。四诊合参，辩之曰："寒邪袭表，饮冷伤肺，肺失宣降，骤发疹毒，毒邪内陷，大伤阳气，频临绝境"，急进以参附汤回阳救逆，药用人参10克炮附子两枚，急煎连进三次，约时许，患儿阳回神安。继投以托毒外透化痰平喘之方：升麻、葛根、贝母、牛膀子各9克，白芍、砂仁、法半夏、杏仁、灸甘草各6克，干姜、蝉蜕各4.5克，麻黄3克，煎汁温服。外用芫荽煎汤温浴手足，半时许得微汗，患儿烦止，呼喝索饮。次日患儿神清，手足转温，皮疹转红，有欲透之象，又按原方继进一帖，疹复出齐，一周而愈。

例二：陈姓女婴年周岁，因闾里疹疫流行被感染，初似伤风发热咳嗽喷嚏呵欠，鼻流清涕，两眼泪汪汪，白睛红昏羞明，哭闹不安，拒乳不食，热势乍轻乍重，神疲嗜睡，晓而烦乱，身大热而手足逆冷。患家自买回春丹灌服未效，至六日颈部胸部隐约有疹点外发，次及颈背四肢。疹初稀疏，渐稠密成片。见疹三朝，热势不减，头面疹少，肢燥无汗，肢冷伴发干呕，来请先父诊治。田老诊云此证有转逆之势，遂用理中汤加减，药用干姜、法半夏、葛根、白术、甘草各6克，芫荽为引，一剂得汗疹透，两剂疹齐热退，身清脱屑而愈。

例三：打醋碳配中药治麻疹

1981 年 12 月 16 日有三岁男童吴述刚急诊入院，患儿体弱神倦，剧咳，发热四日见疹点，斑点隐隐，色泽不鲜。见疹当日下午突然出冷汗，面色变灰，痰喘气促，鼻翼煽动，口唇紫绀，四肢厥逆冰冷至肘膝部，心率速，脉博快，舌质紫暗，苔灰晦，指纹暗滞射甲，诊断为厥逆证，宜回阳救逆与平喘化痰，方用疹伏宣毒发表汤、地黄饮子、芪附汤三方综合化裁，即用麻黄 2 克、黄芪 10 克、升麻 9 克、杏仁 6克、防风 6 克、制附片 3 克、茯苓 5 克、肉苁蓉 6 克、干姜3 克、甘草 4 克、党参 10 克，煎汁频频呷之。配合打醋碳以驱邪引疹。

打醋碳方法：用铁块烧红放入磁盆内，再置盆于患儿脚伸处，在被窝内将醋许许向铁上顷倒，即产生醋水蒸气向患儿身体散热，同时满室皆呈醋香气味，以达温阳祛邪透疹之目的。

通过上述措施，患儿很快即面色红润，手足转温，呼吸平稳，神志渐清，转危为安。次日继用原方加白芍 6 克，巩固疗效，住院一周，健康出院。

6.6. 内关穴临床四则

内关系手厥阴心包经的一个穴位，与手少阳三焦经互为表里。经云："心为君主之官"，心包为"臣使之官"，代心受邪；三焦为"决渎之官"。可见其是护卫君主的关隘也。内关又是八脉交会穴中阴维脉的会穴，能通配十四经脉六十余穴，具有宁心神、安魂魄、止惊悸、镇静止痛、清火退热、平喘息风、健脾和胃、理气宽中、舒肝解郁、救逆强心、调解气血、补虚疏赢、通营卫、保康宁之作用。

内关穴用于急救，得心应手，效如桴鼓，针到回春。对头痛失眠、眩晕怔忡、癫痫狂妄、急慢惊风、腋肿肘挛、脚气冲心、痞胀肿满、胃脘疼痛、脾失健运、呃逆气冲、肝气郁结、黄疸胁痛、咳嗽痰喘、虚劳卒中、泄泻滑肠、里急后重、肠风下血、九种心痛、月经不调、愆期痛经、妊娠恶阻、产后血晕、女子梦交、男子遗精等，循经取穴，配合施针，调理肝气，解除胃痉挛，醒厥逆，缓解心痛，其效如神。

常用取穴:内关与照海医腹部疾病；配大椎和间使截疟最灵；配天突医痰喘呃急；配足三里与风池能平肝潜阳；配

人迎人中补中益气；配中府止哮喘；配列缺疗头痛；配丰隆治失眠；配中冲治中风；配然谷能治精神病；配风府急救慢惊风；配养老能镇呃逆干咳；配少府疗肉惕心惊；伤风感冒头项强直透外关；消化不良胃脘痛配刺梁门；胸痛引背配针噫嘻；背连心痛配针鬼门；九种心痛配上中下三脘、三里、两地仓；小儿疳积配针两手四缝与劳宫。

要知内关配甲已土穴，益火生土，壮母强子，后天之本得充。脾气升，脾俞穴是脾气传输之所，气血生化之源，配内关有除水湿、助消化、补脾阳、益营血之作用；胃主降，胃俞穴是胃气传输枢纽，水谷受纳之海，配内关有消积滞、输糟粕、益胃阴、培脾土之功能。

下举治疗经验四则：

1、**遗尿证**患者王某男十九岁，县轴承厂工人，其父 1957 年获罪于右，母受株连，皆被解职，至儿生，贫无所养，后天不足，夜常尿床，又失治，遂成顽疾，虽年及弱冠，尚无虚夜，于 1982 年 12 月随其兄来乡卫生院就诊。当时余在管理病房，看患者表情苦闷，神倦懒言，舌淡脉细弱。诊为肾阳虚损，膀胱失摄，即取内关配关元、气分、水道、中极、阴交诸穴，以平补手法，每分钟行针一次，留针十五分钟，只针此一次即愈，随访至令未发。

后又有一女青年患遗尿证，也用此法，针一次而愈。

2、**遗精证**患者关某男二十二岁未婚，本乡大营村农家子，少年失怙，缺乏教育，十六岁时受恶人引诱，招染手淫恶习，酿成滑精梦遗之疴。初讳疾忌医，日久加剧，年复一年，精神大愈，方就医服药，但收效甚微。1984年二月来诊于余，见患者面色无华，精气神虚，脉结代，舌质红，唇干无泽，言腰酸腿软，诊为肾阴虚，相火无制，肝欲拢心，故成斯疾。以针灸治之，取内关配关元、气海、石门、中极、曲骨针之，施以平补平泻手法，以达二内关，使之得司权衡，金锁开合有度，坎离得济，当晚即安然入睡，无梦魇。继针三次，遂不再来。询之言已愈，得时偶然一次，系精满自溢，非为病也。

3、小儿夜啼：焦小虎，男，刚出生五个月，河塘村人。父亲系汽车司机。小虎因感冒入院，经治热退咳轻，但夜啼不安，哭闹不乳，父母轮护，拍哄不能止啼，痛苦愁怅不堪。适余夜班，听诊唯右肺尖部可闻及轻锣音，别无阳性体征，独见儿张口仰面，目直视哭喊，诊为稚阳之体，金病水乏，肾水不济心火，热拢心神。遂取内关配心经神门、阴郄针之，行强刺激，直折心火，反复行针，使儿哭甚，针出啼止。先饮儿以水，后哺之以乳，须臾儿恬然入睡。后调理观查三天夜，睡眠如常，喜笑嫣然。出院后随访，见儿壮健尤甚于病前。

4、小儿疳积：患儿刘红女四岁，生母缺乳，致女后天营养不良，体质较弱，面黄肌瘦，不适寒温变化，便溏，腹显青筋，夜热早凉，喜食焦香。经驱虫补血而效不显，来余处就诊，辩为心脾两虚型疳积，针内关配阴郄加刺四缝穴，放出黄色粘液，隔日一次，针三次而愈。

疳积古有心、肝、脾、肺、肾五疳之分。因家庭出身地主，先父和我于 1960 年底，被无故解职返乡。1961 年正月初八，先父蒙冤而逝。我由是年开始至 1978 年冤案获平反止，其间共十七年。余用针刺四缝穴治小儿疳积证，共有一百多例，其中男婴 76 人，女婴 45 人，年龄在六个月到五周岁，属于先天不足 22 例，后天营养失调者 48 例，久病致虚者 51 例。相当一部分属于虫积，大部分是脾疳。由于喂养不当引起脾胃虚损，营养不良，初期面黄肌瘦，能食易饥，大便时干时稀，睡眠不安，多汗啮齿，爱俯卧，继而不嗜食，皆系积滞所致。《证治准绳》云："积为疳之母，所以有积不治必成疳"。

对所治患儿通过四诊合参，查明病源，辩证分型。对原发病证，除应给予针对病因的方药治疗，解表清里、驱虫、理中、醒脾、补益气血、舒肝和胃、加强营养，皆先针刺四缝穴，一日一次或隔日一次，一般针三次，皆可治愈。四缝穴在食指、中指、无名指及小指掌侧，指中关节与掌指节间的中央，于横纹中点取穴。原则是以针刺多指不见白色粘液挤出者为止。针前先净小儿双手，后以常规消毒，再用无菌二分毫针在患儿双手四缝穴依次刺之，挤出白色粘液即可。

《黄帝内经·灵枢·终始第九》指出："凡刺之属，三刺至谷气，邪僻妄合，阴阳异居，逆顺相反，沉浮异处，四时不得，稽留淫溢，须针而去。故一刺则阳邪出，再刺则阴邪出，三刺则谷气至，谷气至而止。"临床实践证明，我们对患儿多数只针三次即见好转。疳积患儿通过如法点刺，由烦转悦，啼者转笑，闹者神安，疲者神振，精神焕发，玩笑自乐，饮食日增，面色红润，体重渐加，是为治愈。不然即为无效，需再审因辩证，改方治疗。

1965年10月2日，家住陈集的雷某携一岁女儿雷桂环来诊。患儿降生后其生母即谢世，被雷家讨作养女，哺以米糊，并每日轮换乞食奶水于诸邻。此儿贪食善饥，饥饱无制，乳食混哺，消化不良，患儿逐渐馋乳拒食，即成俗称"欠奶痨"。养母见不食，急以二丑、肥儿丸之类让服之，致攻伐太过，气耗津伤，日渐赢瘦而多病，危急来诊。余见患儿体弱瘦小，声微气怯，面黄肌瘦，唇干，口角糜烂，皮肤干燥，腹满便溏，小便浊，哭时涕泪皆无，舌苔微黄，脉小而散。雷某言女还时有潮热，无汗。

此属于饮食调解不当所致，患儿不能适应饮食无规则的变化，消化不良，营养乏源，欠奶拒食，又被误下，损及脾胃，运化失司而成痨。嘱患家调换患儿喜食之品，并处山药鸡内金粥以喂之，每日针四缝穴一次，连针五日，即见患儿精神渐佳，食量渐增，面色渐转红润。饮食调理半年后康复。次年春随访，此妮骑竹马相迎。

1973年春，陈集乡臧集村钱某三岁男孩钱安随父来诊。患儿系第九胎，其母老年末产，其生后缺奶，随母食而食，每以口嚼米饭哺之。夜则用暖小瓶盛饭，亦如前法喂之。由于喂养不当，饮食不洁，损伤脾胃，营养不济，骨瘦如柴，呃逆吐食，腹泻腹痛啼哭。吾见患儿发育五迟俱全：头大骨露，发稀少，面容似老叟，二目羞明，时时眨动，风轮生翳，囟开未合，左胁下有否块覆大如盘，肝大似覆杯，腹张脐突，青筋暴露，皮肤干燥，松弛无弹性，手指细小，光亮如老蚕，大便夹杂不消化食物，一派虚中挟食之象。先天不足，后天营养失调，脾胃失运化之权，精血无生化之源，百病乘虚而入。经云"邪之所奏，其气必虚"。此乃肝、脾、肾同病之疳也。故以益肾、养肝、健脾、驱虫为治。针刺四缝穴，放出粘液。加服鱼肝油糖浆 500 毫升，每服五毫升，日三服。配以六君子汤、归脾汤，服煎汤药汁时，冲服鸡蛋壳粉。另请其家长让患作多吃胡萝卜。如是调治，疗效显著。二年后，能言会走，完全康复。

1977 年初秋，陈集乡大王村民杨某之三岁子杨少宇，系姨母无子，过继此儿，爱如掌上明珠，哺以牛奶加饭食，并常备糖果、饼干、油条之类，闻啼即予之，饮食无节，消化不良，便酸嗳气，夜卧不宁，磨牙齿，食日减，体日瘦，时常发热。见患儿神倦乏力，懒言少动，时而烦乱，胸膈饱满，肚腹胀大，口干，舌苔色绛。由于饮食失节，过食肥甘，不能消化，导致乳积食积，积滞日久而生内热，热则伤阴，脾胃津枯。治疗先投以保和丸及肥儿丸，消滞清热荡积，同时针刺四缝穴，隔日一次，连针四次，皆放出粘液。并嘱家属加强护理，调节饮食，食无过饱，多饮开水，一周后，病情显著好转，精神活泼，食欲转佳。此时已粉碎"四人邦"，镇上也有人办学前班，次年杨少宇即入学前班学习矣。

业农先生的冤案得平反昭雪后，1981 年 8 月 11 日，有洪埠乡何围村五岁女孩陈连俊随其父来诊，其两年前曾患肺炎，病虽愈而咳嗽常缠绵不断，以致身体始终未有恢复，容易感冒发热咳嗽，午后两颧发赤，精神疲倦，睡中盗汗。曾经医院 x 光诊断为肺门淋巴结核。十日前又发低热，咳嗽烦躁，纳差，日渐消瘦，故来院诊治。西医检查诊断为左侧胸膜炎。中医诊断为疳痨。

此证系久病致脾肺虚损，气血两亏，积痨成疳，郁久化火，燥伤肺阴，故干咳痰少咽痛，气血源于脾胃，今纳差，脾胃失运化，五谷精微乏缺，无以肥凑里而充肌肉，故见干瘦，《医宗金鉴》有"大人为痨小儿疳"之说，故诊为疳痨。

人曰："疳者干也"，我说积者集也。积集则滞，滞多则伤脾胃。脾主中宫，运化水谷布精微于四肢百骸，若脾失运化，营养之源绝则干瘦，诚然无积不成疳也。因知疳积乃虚中挟实之证，临床对该病除积极对证用药治疗外，又选针刺四缝穴协助治疗。因四缝穴位居四末，阴阳经络气血交输之所。《黄帝内经·灵枢·终始第九》云："阴者主藏，阳者主腑，阳受气于四末，阴受气于五藏"。故"泻者迎之，补者随之，知迎知随，气可令和"。四缝穴为经外奇穴，出自《针灸大成》，其注曰："点刺该穴，能治食积痞块，具有清热消积之功"，四缝穴的位置处手指中节与掌指节间的横纹正中，中者脾土主之，刺之能调解被神经体液，消积健脾，增进食欲。点刺而又挤出粘液，犹如刺络放血，可以先成迎泻之功，后收补随之效。经云"血实宜决之，菀陈则除之"，刺四缝意在"疏其气血，令其条达"达到"阴平阳密，精神乃固"之目的。余临床五十余载，用此穴之疗效奇特，不愧称"经外奇穴"也。

6.7. 椿庙忆旧，传承创新

本节收录的两篇文章，是我的长兄、九思堂第三代传人田开钰（业农先生）的自述。

6.7.1 业农自述一：善用温法

余中医世家子，外祖、父、兄、姊、子、侄、孙皆从医也。余秉承先父名老中医田春雨大人传授，致力于中医临床五十余载，　熟谙《内》《难》，承长沙之法，崇念祖之学，尊古而不泥，法时而不迁，常喜温补化瘀之法，温不滥用辛散耗气伤液之品，精清阴宁心之术，疏方破中有补，理中有消，见效甚殊。

家严大人临床善用温法。温法是八法之一，《黄帝内经·素问·至真要大论》指"寒者热之"、"劳则温之"；仲景著《金匮要略》，立方二百六十五个，用药一百五十五味，常用药入方十次者二十有奇，其中温热有附子、干姜、生姜、人参、白术、半夏、麻黄、细辛、当归、川芎、厚朴计十二味，而寒药仅大黄、黄芩、石羔、杏仁、枳实、白芍六味，平性药仅有甘草、茯苓、大枣三味，足见热居多数。仲师喜温可知。

观家严日常之生活饮食，皆以葱、姜、椒、蒜辛辣热物饪菜佐膳而不见起热者，唯中土之脏喜燥恶湿。苦寒伤胃，纳谷不香。人以"胃气为本"，"纳谷者昌，绝谷者亡"，辛热鼓胃气而化谷，使精微之气布达全身而无恙，故经曰："正气存内，邪不外干"。

家严常云："麻黄承气用之不瘥，姜附理中，常能取效"。又云"与其失之寒凉，不如施之温补。"秉此临床，于老年患者，多注重鼓心阳，培脾土，用温阳利水真武汤，使下陷之湿得升发；对妇人患者，以补阴温阳化瘀为治；对儿童患者，则以温潜为法，常以配潒石尤、古龙藤来温阳镇潜，使水火阴阳平衡。此方对小儿入寐惊惕，汗多溲少，手足不温，效如抒鼓。

6.7.2 业农自述二：但愿世间无病患，何愁架上药生尘

家严田春雨大人曾为"济春堂"书写一联，曰：但愿世间无病患，何愁架上药生尘。晚辈常以此打趣："我说俺大（固始话称父亲为大），人家是药家，没人来买药，你让人家咋过活？"

春雨先生曾收治一妇人，因产后第三日家务劳动半日，入夜即发热发冷，头痛身重，咳嗽。经县医调治，十日未效，继住院治疗十三天，热虽退而未清，咳未止而加喘，适逢春节，因而出院，节后再返院门诊，或医之以产后肺炎，或医之以心脏病合肺水肿，或医之以肾脏病。诸法无效，病程七十余日间，未曾一日停药，而病情日重一日，终至卧床不起，转侧艰难，奄奄一息。

二月十二，延余往诊，问余还有生望否。查，时患者微热畏寒无汗，口不渴，四肢不温，面色晄白，咳喘不得平卧，痰如泡沫而色白，面浮肿，身形似肿，腹胀满，有隐痛，叩之有震水声，食则吐，肢节酸楚，心悸目眩，舌淡苔白腻，

217

脉弦滑。

经查，病因自患者妊娠期喜食生冷而来，产前曾患咳嗽又未医治，时值寒冬，以新产之妇，中阳素弱之体，半日操劳感寒而发病，此属风寒袭表，卫阳闭塞之候，因迁延失治，致使表里俱寒，故微热无汗而畏寒；水道通调阻滞，故面浮肿；饮邪上逆，肺气不降，故口不渴而气逆咳喘，痰多如泡末而色白；脾土运化失司，故不能食，食则吐；脾阳不能畅达于四末，故四肢不温，肢节酸楚；肾阳虚而肾水寒，寒水凌心则眩晕心悸；水邪泛滥溢于肌表，故形似肿；饮留不去，伏而不出，结于中焦，故腹胀腹满叩之有震水声。

辨症施治，宜发表温里，宣肺化痰。拟用小青龙汤加味，药用蜜制麻黄、五味子各6克、桂枝、酒炒白芍、法半夏、杏仁（炒，去皮尖，打碎）、蜜灸甘草密灸桑皮各10克、细辛3克、生姜3片、大枣5枚（掰开）。先煮麻黄，去浮沫后入余药煎汁。服药后，啜热粥一小碗，覆被取汗。此方小青龙汤解表化饮，加杏仁助麻黄宣肺降气以止咳平喘，灸桑皮清微热，泻肺行水，二味加入，增强外解表寒，内化水饮之力。

二月十五，二诊。患者服药后微热退，四肢温，咳喘大减，面色转有光泽，稍能进食。但气出不畅，心有余悸，起则头眩，舌苔薄白，脉仍弦滑，诊为饮未尽除，当乘胜前进，以上方，去桑皮，加炒莱菔子15克，除胀消食助之化痰。

二月十七，三诊。诸症悉除，面色转红，已能起床进食，言有笑容。但尚感弱甚，动则心慌，时有微咳，舌红苔白润，脉缓数。方用人参养荣汤加减以善其后。药用蜜制黄芪、当归、党参、茯神、炒莱菔子各 15 克；炒白芍、远志、灸甘草、炮姜各 10 克，五味子、桂枝各 6 克、大枣 5 枚。日一剂三次服，总两剂。

二月二十。余远足，走访患者，见其正忙于家务，已然康复。

余观治此症，历时九天，前后三方。此前七十余日用药，何以无效?唯不讲寒热，不论虚实，不明表里，不辩三焦。

家严大人再有一案例，以大黄甘草汤治食已即吐。

1988 年 4 月 15 日，有椿庙乡殷庙村七岁患儿张林子入住县医院，二十天前发干咳，近十日内食入即吐，吐物为所进之水食，后为粘液和涎沫；体温 37℃；心跳每分 76 次，呼吸每分 22 次；口干渴而畏吐不敢饮；肺部时可闻及稀少锣音及哮鸣音；腹部凹陷，肝脾肿大，胁下压痛明显；胸透两肺纹理增强，肺门阴影增浓，两肺均呈云雾及斑片结节状阴影。县医院诊断为两病症：一小儿肺炎，二肝胆系统感染伴幽门痉挛。入院六天，每日糖盐各半液体 1000 毫升，加青霉素、氨苄青抗感染并调理水与电解质平衡，同时给予止咳剂，惜皆无效。

林子父寻家严，家严辨症施治：患儿胃脘压痛，口干舌燥苔黄，脉滑有力，十日未大便。此为《金匮要略》所言："食已即吐，大黄甘草汤主之。"遂在 4 月 22 日停止针药，单用大黄 20 克、甘草 6 克，开水泡汁，频频呷服，以防其吐。药对症，服后未吐。次日大便数行，精神转佳，进食不吐，唯右胁下压痛未愈，偶而吐粘液。于是改投温胆汤温化痰饮，和胃降逆。处方以金钱草大黄各 12 克、半夏 9 克、枳实陈皮茯苓各 6 克、生姜 3 片，灶心土 1 块，煎服一剂告愈。停药三天观察无反复，痊愈出院。

林子脾胃虚弱，因招外邪而生内热，脘胁痛说明肝胆郁热，痰热互结，十余天不大便，阳明之腑以通降为顺，实热内壅而腑气不通，传导失司，胃失和降，上逆呕吐。大黄甘草汤泻实清肠，胃气降则咳停而呕吐止。本非大病，对症用方，药到病除。

后记：诗十二首致敬医家

本书作者 1989 在信阳的工作照,其时患有严重心脏病和肾结石

本书作者 1985 年随机械工业部考察团访问美国

1948 年，我的外祖父吴知风老大人千叮万嘱我父母，务必卖掉家中那一百多亩田地。然而，由于我家里常年是我祖

母当家，祖母没有接纳外祖的建议，认为土地是一家人辛苦勤俭持家所得，为何要卖了去？我父亲至孝，祖母不让卖就不卖吧！便未能将外祖父遗嘱落实，解放后划成份，我家"忝列地主之列"。

之所以说"忝列"，是因为我家这一百多亩地，要养二十来口人，自家种自家吃，并没有一个雇佣一个外人。但家里也有几口外人，比如前文说的那位帮我安排工作的县拖拉机站荣站长，是在我家治好病以后，不愿回豫北，自愿留在我家帮工，我家也只管他吃饭穿衣读书认字，并不付他工钱。

父亲的行医水平，名扬四里八乡。1968年，我是信阳柴油机厂的"技术黑帮分子"，朋友们担心我罹难，于夜半时分开着一辆解放牌货车，把我从"牛鬼蛇神"集中地救出，送回老家。那时乡下没通公路，货车只能开到我家附近，然后我下车走回家。深夜3点多钟我下车与朋友们道别，他们问以后怎么联系我，我说你们到了固始县，问任何一位40岁以上的人，有位姓田的老中医住在哪里，一定有人带你们到我家门口。果然，在那段艰难困苦的日子里，每每有朋友来看我，都是这样找到我家。

因家庭出身是地主，1960年我高中毕业时，虽然老师在我的高考志愿表上帮我填了清华大学，但挡不住档案里盖上"不予录取"的红章。即将带着全校高考第一名的成绩单回乡种地的我，先后遇到了两位贵人，两位老共产党员。

一位是原松花江地区政法委王钦宏书记，其长子王玮是我高中同班同学，经玮兄介绍我是学校的高考状元，学习成绩好，他便将我安排到黑龙江省巴彦县手工业管理局工作。然而，在巴彦学以致用的好景不长，一年后因"三年困难时期"的下放政策，我不得已返回老家。

1962年,田开钧与同学王玮在松花江畔　　2002年,田开钧与王玮相会在北京

　　回到老家后，一位名叫陈家强的老红军成为我的第二位贵人。他向时任国家农垦部部长的王震将军建议，要在革命老区信阳市办一所技术工人学校。1927入党的老共产党员陈家强，是黄麻起义的一员，一生身负28处伤，对革命老区人民很有感情。他的办学建议很快得到批准，第一年只招两班大专班，其中在固始县只招9名，而当年报名者有1251名，百里挑一，我被录取了。

　　到校报到后，有招生老师告诉我，我的成绩排在1251名固始县考生的第一名，但因为是地主家庭出身，学校领导专门开会讨论录不录取我。会上，陈家强这位老共产党员、技校第一任校长拍板收我，他说："我带兵要带神枪手，带学生当然要带第一名！"。毕业后，1965年元月，我分配至信阳地区柴油机厂，成为一名技术工人。

在以后的岁月里，我钻研技术，努力工作，每每遇到艰难险阻，我总是想，我不能辜负两位贵人的期望，于是更加勇往直前。

1973年，光山县电厂发电机组大修，国庆节前试车时调速系统蜗母轮损坏，在地区、省和国家三级电力及工业部门领导直接过问下，当年10、11、12连续三个月开展全国协作，但都没有解决问题，这套发电机组即将宣布报废，光山县将面临没有电厂的困难局面。

当时，信阳地区革委会主任刘同贵提出，在地区内找土专家，看能不能解决问题。于是信阳柴油机厂派了陈宗德等技术人员到光山，测绘了蜗母轮图纸，将图纸拿回厂里给我。那时我是厂里的技术骨干，被归入"技术黑帮分子"。

这套发电机组原是第二次世界大战时，美国支援前苏联在西伯利亚建立军工后方基地用的。1945年在苏联红军出兵我国东北，打败日本鬼子关东军后，机组由西伯利亚迁到大连建电厂。19世纪60年代为支援革命老区，又由大连迁到光山建电厂，因此蜗母轮图纸采用的是英美标准，齿形角是14度半，我国和前苏联的国家标准齿形角是20度，与此轮配套的蜗杆是6线螺旋，没有标准刀具，必须手工自制。

我就尝试手工自制刀具，光山电厂有位同志在一旁看我干活时说："我们在郑州、北京、上海及哈尔滨等地外协时，都没有见到过这种做法，看样子和美国原件差不多，这回肯定能成。"但是他们拿回去却安装不上，这时已是1974年元月中旬了，光山电厂急着请我去现场制作。

我当时属"技术黑帮分子"，是"臭老九"，被专政的对象，但因为全厂只有我有工匠办法，革委会不得已同意派我去。我到了现场测绘计算，得知齿形角是13度，在英美也是非标的，直接套用英美标准是不可能安装上的。同时得知该蜗杆的转速是每分钟5500转，开机后允许最大震动值小于0.06毫米，精度要求高，很难。

当时，信阳电厂派到光山支援的郑伦庭师傅，还有上级电厂从五七干校借调来的工程师谭常源（改革开放后，谭老出任国家仪表总局总工程师）、张华欢、宗孟等几位同志得知我只是个月工资35元的二级技工，又是地主家庭出身，便好心劝我"没把握的话，不要接这个事，全国协作都没做好的事，你就说自己弄不好，现在不说，到时修不好耽误事，造反派会抓人的"。

面对这样的好心人，我从渐开线方程画起，还有齿形角等等，边画草图边计算，写了多张稿纸，跟他们讲明了我每一步做法的理论依据及可控制的方法，他们不仅放心了，而且相信我会成功完成这一任务，处处给予我方便和爱护。

在我完成这项工作后，光山县电厂给信阳柴油机厂写的感谢信中，把我夸奖得"比雷锋还雷锋"。当时光山电厂的党委书记张三则同志、厂长夏如友同志以及革委会主任胡功友同志一致认为，我"立了一大功"。1987 年出版的《信阳地区工业志》中，有我获地区科技二等奖及赴美考察方面的记载。

改革开放后我又回到技术岗位。1983 年 11 月加入中国共产党。我永记王钦宏书记和陈家强校长的知遇之恩，严以律己，一丝不苟，精益求精。历任机械研究所副所长、总工程师、技术副厂长、厂长、党委书记等职。1985 年随国家机械工业部赴美国考查，后来经常被抽调到北京，曾参加"六五"计划有关饲料加工机械建设前期工作，做解放军总后万吨饲料厂的总图设计等等。现在老了，老朋友也多作古，是中医让我重新找回找到当年搞技术攻关的事业激情，不忘初心，再次出发。文末赋诗十二首，向医家先圣鞠躬致敬。

开卷

蜡烛成灰泪将干，电光石火又点燃，
旧时户户红蜡烛，今朝处处新能源；
群星贤集科学院，宇宙生命整体观，
太阳光热能量大，再言阴阳无惧天。

朱丹溪

难得任侠抗权狼，轻抛举业亲歧黄，
寻师千里觅正道，立门三月表衷肠。
终成名家垂青史，至今寒户念含姜，
东瀛后世泪墨纸，医经溯洄映辉煌。

徐灵胎

国学根基扎得深，文武全材自奋勤，
读书万卷批千卷，用药八文胜亿文；
宇宙阴阳评论家，天文水利音乐精。
读书莫忘笔在手，研解批注得真经。

黄元御

博士美文不胜收，徐黄二星巧同俦，
昭明先圣宏大德，言天验人俱高手。
中土回还创新论，左目失明写春秋，
意志炼就金刚体，文是基础医是楼。

钱 乙

最惊三岁别父惨，是人谁不痛心怜？
地载常情无此理，天降大任忐威严！
吕姑传带亲情暖，莫基儿科爱无边，
掩卷遥感闫董辈，出书报答颂圣贤。

许叔微

怙恃双失苦少年，幸逢长沙书出版，
研读共鸣灵光瑞，知行合参神效显，
上工医国情似海，奸臣当朝奈何天，
说与当今谁人信？分文不取救命钱。

喻嘉言

庸医杀人不用刀，上工救危自折腰，
辨证敢立生死状，免费承担罚金交；
首创议病存病历，再开学院助学潮；
谦益如是作神供，一代大师领风骚。

傅青主

承继道德通元静，光大真常守太清，
如虹浩气贯碧空，奠基妇科至高精；
千方至今日常用，七剑下山上影屏。
扶下老将黄公覆，压倒群英会上人！

王孟英

钱塘青山日向西，失怙潜斋志向医：
佩姜半痴归砚录，画饼思梅随息居；
为民呈献食疗计，利国勇胜霍乱敌，
治疟敢言无难证，功比虎门林则徐！

缪希雍

曾读明史用贤案，未知借书仲淳看，
剑侠功业良友众，名医成就慈母贤。
出诊不拒千里远，布道特立五则篇，
京郊水利为医国，电目戟髯当归仙。

薛立斋

两代御医皆院长，著立慎微不张狂，
救扶不分上中下，名利确认淡平常。
大观三千医案集，久远十三部书香，
清修明史见识浅，功盖正嘉众臣相！

张景岳

史上雄纠气昂昂，抗击倭寇卫友邦，
太子邦归忙敛财，军干子弟学歧黄。
临床辩证比断案，处方阵图亮锦囊，
门类齐备留全书，中兴复元益壮康。

乡贤聂文阁老先生读本书手稿后，赋诗与作者唱和

書 名	中医知行录	
作 者	田开钧	
醫 案 整 理	田文铎、田文邦	
出 版	超媒體出版有限公司	
地 址	荃灣柴灣角街 34-36 號萬達來工業中心 21 樓 2 室	
電 郵	info@easy-publish.org	
香 港 總 經 銷	聯合新零售 (香港) 有限公司	
出 版 日 期	2024 年 1 月	
圖 書 分 類	中醫學	
國 際 書 號	978-988-8839-56-8	
定 價	HK$ 126	

Printed and Published in Hong Kong
版權所有．侵害必究

如發現本書有釘裝錯漏問題，請攜同書刊親臨本公司服務部更換。